学生のための
# フィールドワーク入門

アジア農村研究会
[編]

めこん

## はじめに

　本書は、アジア地域の研究に関心を持つ大学生や大学院生が初めてアジアでフィールドワークを行なう時に必要となる知識や技術、およびその習得方法について、学生・院生たち自身の経験をもとに概説するものである。

　急速な経済発展に伴い、工業化や都市への人口移動が注目されているアジア地域であるが、アジアの人口の大半は現在なお農村に居住している。これは、アジア地域の理解のためには農村の理解が不可欠であることを意味している。そのためには、文献調査のみに頼るのではなく、実際に調査地に赴くことで、問題意識を深める必要がある。実際、近年、アジアに研究調査に赴く大学生や大学院生の数は急激に増加している。しかし一方で、我々学生がフィールドワークの方法や技術を学ぶ機会は非常に少なく、個々の学生が、基本的な方法論を習得しないままに調査に赴いてしまうケースもままある。これまで、フィールドワークは個人で行なわれることが多く、その方法論も調査者の個人的経験に基づく場合が多かった。

　本書の編集主体であるアジア農村研究会は、このような状況の改善、すなわち学生たちにフィールドワーク実習の機会を提供することを目的として、1993年、東京大学桜井由躬雄教授の提唱のもとに設立された、学生主体の研究会である。それ以来、毎年3月上旬から中旬にかけての2週間、アジア各地に赴き、桜井教授を始めとする諸先生方の指導を受けつつ、フィールドワーク実習を実施してきた。実習では、準備段階からほぼすべてを学生自身の手で行ない、インタビューを中心とする調査技術を学んできた。毎年、多くの大学から、さまざまな専門分野の学生たちが参加してきている。これまでに実施した調査実習の概要は以下の通りである。

1993年3月　　東北タイ広域調査実習
1994年3月　　中部タイ・ナコンパトム県調査実習
1995年3月　　中国・上海市松江県調査実習
1996年3月　　台湾・桃園県復興郷調査実習
1997年3月　　インドネシア・スマトラ島広域調査実習
1998年3月　　マレーシア・ペナン島調査実習
1999年3月　　マレーシア・スランゴル州調査実習

2000年3月　日本・沖縄県浜比嘉島調査実習
2001年3月　マレーシア・スランゴル州調査実習
2002年3月　南タイ・北マレーシア広域調査実習
2003年3月　北タイ・ランプーン県調査実習
2004年3月　ベトナム・ハノイ市調査実習
2005年3月　ビルマ広域調査実習

　本書は、これらの調査実習を通して得られたフィールドワークのためのノウハウや経験則の数々をまとめて、多くの学生・院生の参考に供しようとするものである。

　本書は、以下のような構成となっている。第1部「導入編」では、本書で言う「フィールドワーク」とはいかなるものであるのかを概説する。序章では、本研究会の顧問である桜井教授が、フィールドワークの意義とその学問的位置づけについて論じる。続く第1章は、本書におけるフィールドワークの方法論を概説し、併せて本書全体の内容を概観するものである。

　第2部「マニュアル編」が本書の中核部分である。第2章「調査準備」から始まり、測量、調査票の作成、インタビューなど個別のトピックについて、具体的な作業手順、実践における注意事項などを順を追って解説する。ここでは、さまざまな状況に対応できるよう、できるだけ一般的な記述を心がけている。

　第3部「実践編」では、本研究会の調査実習の中からいくつかの実例を取り上げ、第2部で説明したマニュアルが実際にどのように運用されたかを示す。こちらでは、実際の調査の過程で生じたさまざまな問題と、それに対する対処法について、個別具体的に述べられる。

　したがって、第2部と第3部を相互に参照しながら読めば、一方で調査を進めるために必要な段取りを順を追って理解し、他方ではそれを自分が置かれた状況にどのように応用すればよいかについてのヒントを得ることができるだろう。できるだけ多くの人に役に立つようにと考えて、このような構成をとった。

　アジア農村研究会はフィールドワーク実習のための研究会であるが、その目的はアジアの諸地域を理解することであり、学問的成果をあげることではない。したがって本書も、学生のためのフィールドワーク・マニュアルではあるが、必ずしも論文を書くためのものではない。本書のねらいは学生・院生諸氏のアジア理解に多少とも貢献することである。

学生のためのフィールドワーク入門
**目 次**

はじめに ……………………………………………………………………………… 1

# 第1部　導入編

## 序章　アジア農村研究会と地域学 …………………………… 桜井由躬雄　11
## 第1章　フィールドワークの方法論 ……………………………………… 19
　　1. アジア農村研究会 ……………………………………………………… 19
　　2. 地域とは：フィールドワークの対象 ………………………………… 20
　　3. フィールドワーク ……………………………………………………… 21
　　4. 集団調査とインターディシプリン …………………………………… 24
　　5. 調査の手順と方法 ……………………………………………………… 25

# 第2部　マニュアル編

## 第2章　調査の準備 ……………………………………………………… 35
　　1. 調査計画の立案 ………………………………………………………… 35
　　2. 国内における準備活動 ………………………………………………… 41
　　3. 調査を始める前に ……………………………………………………… 46

## 第3章　広域調査 ………………………………………………………… 51
　　1. 調査準備 ………………………………………………………………… 52
　　2. 広域調査の実施 ………………………………………………………… 56

## 第4章　測量 ……………………………………………………………… 73
　　1. 測量の目的と方法 ……………………………………………………… 73
　　2. 測量実習と本調査 ……………………………………………………… 82

## 第5章　調査票の作成と活用 …………………………………………… 89
　　1. 調査票作成の方法 ……………………………………………………… 89
　　2. 調査票項目の検討と現地語訳の作成 ……………………………… 100
　　3. 入力フォーマットの作成 …………………………………………… 102
　　4. 調査地での調査項目の修正 ………………………………………… 104

## 第6章　インタビュー …………………………………………………… 107
　　1. 出発前の準備 ………………………………………………………… 107
　　2. インタビュー ………………………………………………………… 110
　　3. データ整理 …………………………………………………………… 119

## 第7章　調査環境 ………………………………………………………… 129
　　1. 衣食住について ……………………………………………………… 129
　　2. 生活・健康管理について …………………………………………… 136
　　3. 調査中の金銭管理 …………………………………………………… 141

## 第 8 章　調査後の過程 143
   1. 調査地を離れる前に 143
   2. 帰国後 146

# 第 3 部　　実践編

## 第 9 章　上海調査 ──────────────川島　真 153
   1. 調査の由来 153
   2. 上海社会科学院との事前調整（許認可） 155
   3. 村側との事前調整（具体的調査対象） 156
   4. 調査直前の儀式・調査内容再調整 157
   5. 調査の実施❶戸別調査＋家族史 158
   6. 調査の実施❷行政・企業聞き取り 161
   7. 調査の終了 163
   8. 後日談──2002 年の花橋村 163

## 第 10 章　台湾調査 ─────────────青木　敦・李　季樺 165
   1. 調査概要 165
   2. 台湾調査雑感──台湾人研究者の視点から 177

## 第 11 章　ペナン調査 ─────────────相原佳之 181
   1. 調査地決定から事前準備、出発まで 183
   2. 現地調査の経過 184
   3. 調査過程での問題点など 186
   4. 別働隊❶住居調査 190
   5. 別働隊❷信仰調査 191
   6. 村落再訪 191

## 第 12 章　マレーシア・スランゴル州調査 ──────坪井祐司 193
   1. 調査地の決定と事前準備 193
   2. 調査の運営 195
   3. 調査の形態 197
   4. 調査の内容 200

## 第 13 章　沖縄調査 ──────────────渡辺美季 207
   1. 調査の由来 207
   2. 事前準備 209
   3. 調査の概要 210
   4. 聞き取り 215

## 第 14 章　南タイ・北部マレーシア広域調査 ─────黒田景子 221
   1. 調査地の決定と事前準備 223

2. 調査形態と日程 ……………………………………………………225
　　3. 調査の内容 ………………………………………………………228
第15章　中国ムスリム・コミュニティにおける「小児錦」調査 ………黒岩　高 235
　　──サンプリング調査の一例として──
　　1. 調査の準備 ………………………………………………………238
　　2. 調査の実施 ………………………………………………………241

# あとがき ……………………………………………………………………251
# ホームページ ………………………………………………………………253
# フィールドワーク準備のための基本文献 …………………………………254

# 第 1 部
# 導 入 編

## 序　章
## アジア農村研究会と地域学
### 桜井由躬雄

■**橋田信介さん**　今、この原稿を書いている 2004 年 5 月 26 日朝、イラクで銃撃された橋田信介さんの遺体がほぼ確認されたという情報が流れた。橋田さんとは、1978 年、バンコクに滞在中、氏の事務所兼住宅が、同じく私の事務所兼住宅のごく近くにあったので、奥様の幸子さんとともに、同じ家族のようにおつきあいし、その後も長く交際を持った。橋田さんが活躍し、生還したベトナム戦争、カンボジア戦争、ボスニア戦争、湾岸戦争、いずれも、日本が加担する戦場ではなかった。橋田さんが「日本人」という理由で標的になることはなかった。しかし、日本の戦後初めての海外派兵によって、橋田さんは、あれほど愛したアジアの人に殺されてしまった。いかにも無念である。

　橋田さんとは、ほぼ同世代である。同時期にベトナム戦争への強い関心から、アジアを理解しようとし、橋田さんは報道写真家の、私は研究者の道を歩んだ。道は違い、考えも違い、互いに論争することも多かった。しかし、フィールドに共感する数少ない同志だった。

　1 日に 1 億円は費消する自衛隊派兵が、サマワ民衆に提供できるのはせいぜい 1 日あたり 40 円程度のペットボトル 5 万本、1 日 200 万円程度の飲料水にすぎないという。橋田さんが、イラクのどこかの店で、にやにやしながらペットボトルを片手に話している映像が残っている。それが彼のイラク報道である。自衛隊は人道支援とはかかわりないイラク派兵ショーにすぎない。壮大なトリックを、ペットボトル 1 本で暴露できる。

　橋田さんの鋭敏な感覚は、何よりも 30 年以上もの命を賭けた戦場往来の経験によって培われたものである。現場の視認だけでは、すぐれて真実に邂逅し、これを的確に表現することは難しい。見えなかったものを見出し、見出したものを的確に表現する。それがフィールドワークである。アジア農村研究会は、フィールドでのものの見方、見たものの表現方法を学習する会である。その紹介である本論は、なによりも橋田さんとの 20 数年の友情に報いる、ささやかな手向けとしたい。

■**近いアジア**　かつての猿岩石の無銭旅行の映像はひどく衝撃だった。その国がどこにあり、どんな言葉が話され、どんな宗教が信じられているかを知ることもなく、売名のためだけに、いともたやすく国境を越え、

仕事を探し、ヒッチハイクを続ける。現地の人々には迷惑でしかない行為を、マスコミが感動として報道し、若い人々が熱狂する。

　2001年の春、中部ベトナムに向かった。ダナンから国道1号線を北上してドンハという中部ベトナムの寂れた港町から、西、ラオス国境に向かった。ブッシュに包まれた荒れた山を登り、夕刻、ラオスの木材を南シナ海に運ぶトラックのターミナル、赤いはげ山の中の切り通し、ラオバオ峠に着いた。これから悪路を西進して、メコン河の港町サヴァンナケートに向かう。朝、汚れきった峠の安宿から、朝露に濡れた道を国境の税関に歩いた。

　税関には既に多くのディーラーがたむろしていた。その中に数人の日本青年たちがいた。ベトナムからラオスに抜けようとするバックパッカーたちだ。いくつかのリュックのポケットから黄色と紺の「歩き方シリーズ」の背表紙が覗く。その誰もが下手な英語以外の言葉を知らない。南シナ海とラオス中部を結ぶラオバオ峠は私たちには長く秘境だった。1958年には若き梅棹忠夫氏が、この峠を抜けている。真っ暗な密林の中の冒険旅行は『東南アジア紀行』(1964年、中央公論社)に活写されている。2001年、聞いてみれば、バックパッカー仲間ではラオバオ峠越えは東南アジア旅行の単なる裏街道だそうだ。

　アジアをその目で見た青年たちが、大量に出現した。そしてその中のごく少ない青年たちがアジアを理解しようとして苦闘している。1999年の冬に、仲間たちとベトナム北部山地のソンラ省を旅した。赤茶けたはげ山の中に、細長い盆地がいくつもいくつも点在する。道は峠の上がり下がりを続ける。小さな寂しい峠道の茶屋で昼食をとった。隣に若い日本人女性がベトナム人の農夫に囲まれながら食事を摂っている。話しかけると、ボランティアでこの地の植林を手伝っているという。既に相当な時間を経ているとみえ、達者なベトナム語を操る。誰もが知らないアジアの片隅で、日本の青年たちが、報道されることもない無償の労働に汗を流している。しかし、日本のどんな大学も、NGOの青年たちはおろか、バックパッカーたちのアジア理解への道を教えてくれるとは思えない。

　若者たちのアジア旅行記が出版され、その多くは地域での憩い、安らぎ、地域の善意を強調する。しかし、その多くが客人への礼譲を誤解しているにすぎない。事実、アジアへの理解のない若者たちと現地の人々との対立は増えるばかりだ。裏切られた時の反動がすごい。ホーチミン市の開放感、気の利いたサービス、人々の好意に囲まれ、ベトナム大好き人間になりきった友人が、帰国前夜にホテルで身ぐるみ盗難にあった。その時の怒りと絶望は激しく、二度とベトナムを訪れようとはしない。

善意の「思いこみ」は、悪意の差別と同じだ。アジアには貧しい人々がいる。そして貧しい人々にとって富んだ人々からの盗みは善である。理解はさめた観察から始まる。

　保守系の人々がよく、東南アジアの多くの人々が大東亜戦争での日本の占領が独立の契機となったと感謝しているという。多大な援助と引き替えの礼譲を人々の真意ととってしまう単純さは、同時に真の情報の収集をネグレクトする怠惰さと裏腹である。

■**遠いアジア**　さめた観察、真の情報の収集には、できるだけ厳密な方法と訓練が必要である。方法と訓練の上に、優れた感性が獲得できる。その方法が地域研究である。

　60年代、青年たちにとって、アジアは革命の時代にあった。ベトナム戦争の拡大（1964年）は、私が19歳のとき、文化大革命の勃発（1966年）は21歳、第3次中東戦争（1967年）は22歳であった。アジアの激動は、高度成長にとち狂う日本に居場所のない当時の私たちに、ひどく刺激的だった。

　驚天動地の文化大革命や執拗なベトナムの対米抵抗は、欧米的な価値、欧米的な学問方法では、どうにも理解できないものに思えた。アジアを理解し、アジアの専門家になろうとする60年代の青年たちの少なくない数は、いわゆる東洋学、つまり東洋史や中国思想を専攻した。私もその1人だった。当時の東洋史研究室は、戦後歴史学の最盛期、どこでも燃えに燃えていた。アジア的生産様式論、人民史観、研究室で連夜の討論が続いた。しかし、アジア諸国に渡ることのできないアジアの理解は、貧しい日本の若者には活字とぼやけた白黒写真を通じてしかなかった。

　しかし、戦後民主主義のアジア理解はあまりに単純にすぎた。アジアのすべての国は植民地から独立すれば、文化はもちろんのこと必ず政治的にも経済的に発展する。そう信じていた。その根拠は、たとえば世界史の発展法則であり、たとえば市場経済法則だった。文化、社会、経済、政治、アジアの国々のそれぞれの相違、今の言葉で言えば地域性は、そのころは、単に歴史発展の差に過ぎなかった。だから、ベトナムや中国を研究しても、それはベトナムや中国を理解することではなく、世界史法則の正しさを検証するための作業だった。

　単純な理論を地域に強引にあてはめようとする傲慢な努力の限界は、70年代後半に来た。76年以降、報道される文化大革命下の社会は、日本での識者の毛沢東永遠革命の賛美とはあまりに違った。サイゴン解放後のベトナム社会の極端な貧困、膨大な難民の出現、プノンペン解放後のカンボジア大虐殺。米軍が撤退さえすればベトナムもカンボジアも平

和で豊かになると単純に信じていた私たちを震え上がらせた。単純な文献崇拝への不信が始まった。

■**地域研究** 実はその60年代においても、大学の既存の机上アジア研究は、あまり社会に期待されていなかった。地域研究（Area Studies）は、1960年代、対中関係の悪化、ベトナム戦争への加担にのめりこんでいったアメリカが、既存のアジア研究に絶望して作り上げた。この時の地域研究は、現地語を用いたフィールドワーク、現地の研究者との共同研究を基調とする国際性、地域の構成要因を全体として把握するための学際性、現在の地域の諸問題への関心、の4点が共通していた。60年代後半にはベトナム戦争の戦略手段として、70年代後半から80年代中頃まではベトナム戦争敗北の反省として、アメリカの地域研究は、黄金時代を迎える。いかにもきな臭い。

日本ではこの時期に東京外国語大学アジア・アフリカ言語文化研究所、京都大学東南アジア研究センター（現在の東南アジア研究所）が設立された。しかし、アメリカと日本の地域研究には、直接の目的、方法には大きな差があった。60年代、70年代の日本では、政策提言のための学問は、学界で評価されることが少なかった。特に当時の人文社会科学では、プラクティカルな目的性を持った学問を嫌忌する傾向が強かった。ベトナム戦争のただ中では、アメリカと、その影響下にある日本の地域研究はアジア侵略の具として批判された。京大東南アジア研究所も、その最初期にはフォード財団の援助によって生まれた。当時の学界では、地域研究はアメリカのスパイの学、アジア侵略の学であった。私の書架には40年前の粗末な冊子がしまってある。東洋史学界から巻き起こった京大東南アジア研究センター設置反対運動の記録である。実際、1976年の京大東南アジア研究センター10周年の式場は、反対する学生たちに襲われている。

しかし、この日本の地域研究の呪われた学界デビューは、逆に日本の地域研究に好ましい自己規制をもたらした。京大東南アジア研究センターを中心とする日本の地域研究は、開発計画や海外投資、外交政策など現実的な政策提言にはきわめて消極的であった。その地域の「理解」のための研究という、限定的で禁欲的な研究に集中した。この禁欲性は、日本の地域研究を、いわゆる地域通、ブリーフィングの術におとしめず、学としての権威を保たせ、外国事情紹介にあきたりない若い人々を魅惑した。

また既存の専門領域に安住する学者からはタイ屋、インドネシア屋と無視され、蔑視されていた、その頃の地域研究者の多くは、地域にのめ

りこめばこむほどに、もはやそれぞれの専門の道に戻ることもできなかった。たとえば、東南アジア研究センターの多くの研究者たちは、発足の1966年から80年代後半まで、毎夜のように、地域研究とディシプリンとの関係を議論し、地域研究ではディシプリンには戻り得ないことを確認し、またそれがゆえに、躊躇することなく、地域研究の道を選んだ。そこに、それぞれの専門領域の発展に貢献するために、地域を研究する、いわゆるケーススタディではなく、地域の理解のために、地域の全体性を把握するというまったく新しい目的が生まれた。

■日本地域研究　幸運にも、1977年、私は当の京大東南アジア研究センターに入所できた。80年代、京大東南アジア研究センターの所長であった渡部忠世教授、石井米雄教授は、当時の日本地域研究の大パトロンであり、リーダーであった。両教授の下で多くの俊秀たちが果敢に地域研究を展開した。高谷好一教授は地質学で学位をとりながら、自らその専門を放擲して、ある時は地理学者「的」に、ある時は歴史学者「的」に、ある時は文化人類学者「的」に、地域のあるがままを把握するために、変身を繰り返した。しかし、高谷教授の方法は一貫している。それは地域分類と、景観観察である。地域分類とは、生態系をもとに区画されたある範域、たとえばチャオプラヤデルタ、スマトラ湿地帯などを、衛星写真、地形図、そして徹底した景観観察によって、それぞれ特性ある地域に区分し、その中に人間生活の特質をあてはめようとする方法である。景観観察とは、一定の広域を歩き回り、狭い意味での生態景観の観察のみならず、諸処での聞き取りにより、地域ごとの情報を収集し、総合して地域の特性を考える方法である。高谷教授の斬新な方法は、70年代日本地域研究の最大の成果である『熱帯デルタの農業発展』(創文社、1982年)にいかんなく発揮されている。

　高谷教授はその初期のエッセイに言う。チャオプラヤデルタの運河脇に1列に並ぶ、タイ人の開拓村は貧弱である。家の中は電化製品そのほか、盆地のムラよりも豊かなぐらいだが。その貧弱さを高谷教授は、広場のないムラ、お化けのでる場所のないムラと表現する(市村真一編『東南アジアを考える』創文社、1973年)。それは、家計統計数字をいくらいじくってもわからない、フィールドによる景観観察のみがもたらす表現である。お化けの出る場所のないムラとは、商業化されたデルタの農民の生活を的確に表現して余すところがない。

　同じく京大東南アジア研究センターの福井捷朗教授による東北タイ村落調査ドンデーン計画は80年代日本地域研究の典型である。ドンデーン計画は、東北タイの小さな村落ドンデーンを集中的に調査する点では、

従来のコミュニティスタディの延長上にある。しかし、ドンデーン計画は農業環境、親族組織、農家経営といった個々の要素のみを分析調査するものではない。情報要素全体を総合し、1つのものとしての地域ドンデーンを成り立たせる論理を抽出しようとする。このために、農学、水利学、地理学、社会学、文化人類学などなど、可能な限りの専門領域が動員された。福井教授は数年に及ぶドンデーン調査の帰結から、この地域のすべての人文、農業環境に通底する個別性、私の言う地域性を、「ハーナーディー（いい田んぼを探しに行く）」という一語で表現する（福井捷朗『ドンデーン村』創文社、1988年）。

80年代、高谷教授、福井教授に代表される諸成果に圧倒されていた私は、その方法論、つまりは実地観察、直接的な資料収集、そして何よりも諸学の総合による地域理解に、これまで出くわしたことのない「ほんもの」を見出した。

■**地域学**　90年代、私が東大に移ったころ、アメリカに、ピンポイント爆弾があれば地域の理解など必要でない時代が来た。イラク戦争のTVで、某米政府高官が、現に攻撃しているファルージャは悪のシーア派の拠点であると言いつのっているのを見て、仰天した人も多いだろう。いうまでもなく、ファルージャはスンニ派の拠点と報道され、その時点ではシーア派のほとんどは米軍に協力的であった。そして、そんな知識は、政策担当者にとっても必要ないらしい。

彼の地では、かくも地域研究の影は薄い。ところが、日本では「地域研究」の名辞は、依然元気である。それにはいくつかの理由がある。1986年のプラザ合意後、日本資本の中国・東南アジアへの進出が激増したこと、長期のポストバブル不況のもとに日本社会の閉塞感が若者の海外熱を引き起こしたこと、80年代以降の韓国、台湾に次いでASEAN諸国、90年代後半では中国の驚異的な経済発展が、日本の市場として注目されたことなどなど。アジアの時代の呼び声のもとに、各大学の中国語、韓国朝鮮語講座は学生で一杯になった。多くの大学が「地域」、そして「開発」を冠した学部、学科を新設した。90年代以降のアジア熱には、サイードの批判したオリエンタリズムそのものと言っていい安らぎやら、労りやら、優しさやらのセンチメンタリズムを問題外とすれば、アジアでの市場追求、アジアでの商機の感が強い。

この頃から地域研究の意味内容が大きく拡大した。たとえば、2004年4月に、日本の各地域研究機関の連絡組織として、「地域研究」コンソシアムが設立された。その50に近い参加機関を見ると、日本での地域研究は特定地域を研究対象にさえすれば、方法や目的を問われないこ

とがわかる。専門領域からの離脱に悩んだこともなく、現地を理論研究のためのケーススタディと称してはばからない研究者が、地域研究者と称しだした。かつてアメリカの地域研究でさえ当然のものとみなされたフィールドワークも現地語も、滔々たる「地域研究」の拡大の前には必須のものではない。そういえば、アジア諸国との関係を相手の立場ではなく、「国益」という観点だけで考える論調も、この時期に拡大している。人々はすべて日本の利益のためにアジアに関心を持っているわけではないのだが。

　明治以来の東洋学はアジアの理解の学にはならなかった。政治学も経済学も、戦後のアジア理解に多くの誤りを犯した。その深刻な反省の上に、かつて日本地域研究があったはずだ。

　「地域研究」の名辞の全盛にもかかわらず、現場で汗を流しているNGOのメンバーと、ODA関係者、またこれに情報提供する研究者との間の隔たりは、広がっていくばかりである。2004年4月のイラク人質事件での首相官邸主導のNGOバッシングのひどさは、外務省などお役所によるアジア認識独占の象徴である。そして「国益」をめざさない人々への露骨な弾圧である。そして多くの現在の「地域研究」が、前者に組しているかに見える。

　私は「地域研究」をはずして「地域学」者を自称するようになった。私はフィールドワークに徹底的に依拠し、地域の個別性を地域全体から考えようとする80年代の日本地域研究、特に東南アジア研究センターで生み出された方法を、もっとも有効な地域理解の方法であると信じている。だからこの地域研究を、現在横行している凡百の「地域研究」と区別して、「地域学」と呼びたかった。東大での授業の題目をあえて「歴史地域学」としたのは、この思い入れのゆえである。

　ピンポイント爆弾と円が行き交うアジア研究の風潮の中で、「地域学」の教育とは、高谷さんや、福井さんが、営々と手探りの中に積み上げてきた技法を、カリキュラムとして編成し、アジアを理解しようとする青年たちと、学問との接点を作ろうとする誇り高い作業である。それは、論のゆきつくところ、講壇では教えることができない。フィールドでの技法教育、それが私にとっての「アジア農村研究会」である。

■**アジア農村研究会**　1990年、私は13年にわたって教育を受けた京大東南アジア研究センターを離れ、出身学科の東京大学文学部東洋史学研究室に戻った。東洋史では、その頃、ほとんどの学生がアジア留学と無縁なままに、日本国内の資料を求めてうろうろしていた。海外留学のチャンスを得た学生がいても、それは図書館、文書館めぐりか、専門を同

じくする教授の講筵(こうえん)に列するかである。実は多くの学生がフィールドへの関心を持ち、その必要性を感じていた。その入り口が東洋学にはなかった。私は、何よりも私が70年代、80年代、京都大学東南アジア研究センターで学んだ地域学の方法を、システムを持ったトレーニング方法を学生に伝えようとした。1993年、アジア農村研究会の始めである。

## 第 1 章
## フィールドワークの方法論

　本書は、アジアについて学ぼうとする大学生・大学院生を対象として、アジア諸地域におけるフィールドワークの方法論を解説しようとするものである。

　さまざまな分野でアジア地域に対する関心の高まりが見られるようになってから既に久しい。またこれとある程度対応して、社会学や人類学の分野を中心にフィールドワークに対する関心も高まっている。結果として、アジア地域においてフィールドワークを行なう学生・大学院生の数は増えていると言えるだろう。

　にもかかわらず、日本の大学や教育機関において、フィールドワークの方法論や技術を学ぶ機会はきわめて少ない。アジア農村研究会は過去10年以上にわたってフィールドワークの実習を行なってきているが、参加者は毎年20名前後、多い時には30名を越える。現実に、多くの学生がフィールドワークについて学ぶ場を捜し求めている。

　一般に、フィールドワークというと、1つのまとまった方法論というよりも何か職人芸的なものであって、その技術や「コツ」は各自が実地に習得するしかない、というようなイメージが支配的であるように思う。確かに、それはある程度事実である。

　しかし、何らかの方法論的な訓練に基づかないフィールドワークは、いろいろな意味で危険を伴う。たとえば、客観的な視点の欠如した、単なる聞き書きに終始してしまう危険性。特定の先入観にとらわれ過ぎ、調査対象地域の限られた一側面だけにしか目が向かなくなってしまう危険性。あるいは、インフォーマント（調査対象者）への接し方を誤り、調査対象地域の人々から拒絶されてしまう危険性などがあげられる。本書は、こうした危険性を少しでも減らし、学生諸氏が有意義なフィールドワークを行なうための手助けをしたいという意図で書かれたものである。

## 1. アジア農村研究会

　ただし、ひとくちに「フィールドワーク」と言っても、さまざまな学問分野においてさまざまなやり方で行なわれており、限られた紙面においてフィールドワークにまつわるあらゆる問題を扱えるわけではない。本書の性格を明らかにする意味で、編集主体であるアジア農村研究会について説明しておく必要があるだろう。

　アジア農村研究会は、アジアについて学ぼうとする学生たちにフィー

ルドワーク実習の場を提供することを目的として、学生たち自身によって組織された、インターカレッジの研究会である。1992年に設立されて以来、毎年1回、アジア各地でフィールドワーク実習を実施してきた。

実習では、調査そのものだけでなく、調査計画の立案から始まって、現地カウンターパートとの交渉、調査地の選定、さまざまなアレンジに至るまで、すべてが学生たちの手で行なわれている。本書は、そうした体験を通じて得られた経験則を、学生たち自身の手でまとめたものである。

したがって、本書はフィールドワークについての理論というよりは、むしろ経験則に基づく実践的なマニュアルという性格が強い。フィールドワークの目的と意義、その学問的位置付けなどの理論的問題に関しては、さまざまな学問分野においてそれぞれに議論がなされ、数多くの著作が出版されている。本書ではそういった問題については触れず、具体的・実践的な記述に徹している。それは、何よりも、これからフィールドワークをしようとする学生諸氏にとって実際に役に立つことを意図したためであるが、同時に、そのような実践的な記述を積み重ねていくことで、あらゆる学問分野に通底する、フィールドワークの基本的な心構えとも言うべきものを作り上げようとする試みでもある。

## 2. 地域とは：フィールドワークの対象

とはいえ、最低限の理論的な説明なしには話が始まらない。以下では、本書が依拠する基礎的な方法論(すなわち、アジア農村研究会の調査実習において用いられる方法論)について述べたい。

まず、フィールドワークの対象は何か、という問題から始めよう。「フィールドワーク」とは文字通りフィールドに出て調査をすること、であるが、その「フィールド」をどのようなものとして認識するかということである。本書では「地域」という言葉でこれを表現するが、その意味するところは以下の通りである。

ある特定の基準を用いて地球上をいくつかの領域に区分するやり方は、さまざまな学問分野で用いられている。たとえば気候区分や地形区分がそうであり、言語分布や民族分布による区分がそうであり、国境による区分もそうである。あるいは、たとえば「漢字文化圏」などといった言い方も、そうした分類法をもとにした概念と言える。

こうした分類に用いられるさまざまな基準は、それ自体では普遍的なものである。しかし、いくつかの基準に基づく区分が重なり合った時、それらの組み合わせによって、ある固有の特徴を共有する1つの領域が形成される。たとえば、日本の奈良盆地も、タイ北部のチェンマイ盆地

も、地形区分の上では同じ「盆地」と呼ばれる。しかしそこに、熱帯モンスーン気候、タイ系諸民族の居住、上座仏教の分布、堰灌漑を利用した稲作、などの諸要素が組み合わさった時、そこにチェンマイ盆地という地域の独自性が生み出される。それは単に複数の要素のセットというだけではなく、それぞれの要素が互いにさまざまな形で関係しあうことによって、その地域の独自の特徴が作られるのである。これを地域の個性、あるいは地域の「主張」と呼んでもいいだろう。このようにして規定される、ある個別の特徴を持った領域のことを、本書では「地域」と呼ぶ。

「地域」は、基本的にどのような規模でも設定することができる。どの要素に着目し、それをどの程度細かく分類するかによって、たとえばチェンマイ盆地の全体を1つの地域と見なすこともできるし、さらにいくつかの地域に区分してみることもできるし、あるいはその中の一村落を1つの地域として理解することも可能である。どういう規模の「地域」を設定するかは、それを調査する研究者の問題関心や、調査に費やせる時間と力量などによって決まっていくものである。

## 3. フィールドワーク

本書で言うフィールドワークの目的は、そうした「地域」を理解すること、すなわち、ある地域が持つ固有の特徴——地域の「主張」——を理解することである。

前節ではさまざまに分類された領域の重なり合い、諸要素の組み合わせとして地域を定義したが、現実には、それらの諸要素（気候、地形、言語、民族など）がばらばらに存在しているわけではない。チェンマイ盆地に住む人々は、それら諸要素をばらばらに認識しているわけではなく、それらの全体を自分たちを取り巻く環境として認識し、それに自らを適応させつつ生活している。

したがって、ある地域の固有の特徴を理解するためには、個々の要素をばらばらに取り上げて分析するだけでは不十分である。特定の地域において、さまざまな要素の組み合わせが結果としてどのような特徴を生み出しているのかを知るためには、現地における直接的な観察、つまりフィールドワークが絶対に必要になる。それは、現地の人々が実際に何を見、何を感じているかを知ることに他ならない。

### 3.1. フィールドワークの意義

言うまでもないことだが、フィールドワークの最大の意義は、直接現地に赴き、風景や人々の生活を自らの目で観察し、出来事を自ら経験す

ることである。このことは一般には、人づての情報ではない生の情報の獲得、というふうに説明される。しかしフィールドワークの意義はそれにとどまらない。

　直接的な観察や体験というのは、文献を読むなどの場合とは違い、すぐれて感性的な行為である。たとえば、我々が他人を認識する時のことを考えてみよう。Aという人とBという人を区別する時、我々は、たとえば鼻の形とか、身長体重とか、あるいは学歴とか職業とか、そういった個別の要素をばらばらに比較して、その結果としてAさんとBさんを区別するわけではない。そういうことをすべてひっくるめて、その人のしぐさや立ち居振舞いの観察を通して、ああAさんはこういう人なのだ、Bさんはこういう人なのだ、というイメージを作り出している。

　同じことは地域を理解する場合にも言える。文献を読むという行為が、ある地域の個別の要素、たとえば地形とか気候とか農業とかをばらばらに取り出して分析する作業だとすれば、フィールドワークとは、それらをひっくるめて地域の全体的なイメージを作り出す作業なのである。感性を通じた地域の全体像の把握こそ、フィールドワークの第1の意義である。

## 3.2. フィールドワークの目的

　このことを別な角度から考えてみると、フィールドワークは2種類の目的を持っているということができる。すなわち、第1の目的は、地域の全体を感性的に把握することによって「この地域において重要な問題は何か」「何を調べればいいのか」を知ること。第2は、そうして見出された個々の問題について、インタビューなどによってデータを集め、詳しく分析することである。

　「何について調査するか」を全く決めずにフィールドワークを始めるということは、もちろんあり得ない。だが、最初から調査するべきテーマをきっちりと決めてかかってしまうのも、考えものである。たとえば、農家が全体の5％しかいないような村で農業についての調査をしても、あまり意味はない。あるいは、たとえばある村の伝統的な祭について調査をしたとして、村人のうち何％が祭に参加しているのかを知らなければ、祭そのものについていかに詳細に調査したところで、その意義は半減するだろう。こういうことは当たり前のように思えるかもしれないが、はじめから特定のテーマにこだわり過ぎると、案外気が付かないものである。

　そういう事態を防ぐ意味でも、先ほど述べたような地域の全体的なイメージの把握が重要なのである。特に調査の初期の段階においては、予

め想定していた調査テーマに拘泥せず、地域のあらゆる側面を観察し、全体のイメージを作り上げていくことが大切である。それによって、はじめに想定していたテーマはこの地域においてどれほど重要であるのか、ほかに調査するべき重要な問題はないか、といったことを考えることができるようになる。つまり、自分のテーマを相対化し、より広い文脈の中に位置付けてみるのである。

　ある程度調査が進み、調べるべきテーマが絞り込めた段階になれば、当然、調査の重点は第2の目的、つまり個々のテーマについて詳細に調べることに移っていく。しかしこの段階においても、第1の目的を常に念頭においておくことは必要である。調査が進みデータが集まってくるにしたがって、はじめに作った地域全体のイメージは徐々に修正され、精緻になっていく。それに伴って、新たに調べるべき問題が浮かび上がってくることもあるからだ。

　つまり、フィールドワークというのは、あるテーマについて調べるための1つの方法というだけでなく、何について調べるべきなのかを調べる、つまり「テーマの発見」のための方法なのである。

## 3.3. 分析と総合

　このように、フィールドワークにおいては、感性によって地域の全体を総合的に把握する作業と、インタビューなどで資料を収集し分析する作業と、2種類の作業を行なう必要がある。

　この2つの作業は、段階的なものではけっしてない。もちろん、調査の初期においては前者の比重が高く、終わりに近づくにしたがって後者の比重が高くなっていくのは確かだが、両者は常に相互補完的なものである。感性で把握したイメージは、それだけでは単なる独りよがりな思い込みかもしれないし、他の誰かが同じ地域を見たら全く別のイメージを持つかもしれない。したがって、データの収集・分析を通してそのイメージを修正し精緻にしていく必要がある。他方で、いかにたくさんのデータを集めても、個々のデータだけに目を奪われていたのでは、そのデータが他のさまざまなデータとどう関係しているのか、地域全体の中でどういう意味を持つのかを見失ってしまう。

　たとえば、あなたがAさんという人と親しくなっていく過程を考えてみよう。まず最初に会った時は、大雑把な第一印象というものがある。「優しそうな人だ」とか「頭の良さそうな人だ」とか、「得体の知れない人だ」という印象かもしれない。この時点では単なる印象に過ぎないし、他の人はAさんに対して別の印象を抱くかもしれない。

　やがてAさんとの接触が増えていくにつれて、あなたはAさんに関

するさまざまなデータを入手することになる。年齢や職業、家族構成、趣味、服や食べ物の好み、などなど。そのたびに、あなたは「ああ、なるほど」と思ったり、「へえ、意外だな」と思ったりするだろう。それによって、あなたのAさんに対する印象は強化されたり、修正されたりする。そういうことを繰り返して、あなたはAさんという人物に対する理解を深めていく。

つまり、Aさんという人物を理解していく過程で、あなたは個別のデータの分析と総合的なイメージの形成という作業を繰り返しているのである。フィールドワークによって地域を理解していくプロセスも、本質的にはこれと変わりない。分析と総合のプロセスを繰り返すことで、ある地域の個性を理解していくのである。

## 4. 集団調査とインターディシプリン

これまで述べてきたことから想像できるように、フィールドワークによる地域の総合的な理解というのは、本来、個人の力でできることではない。調査対象地域のあらゆる側面に目を向け、さまざまな問題を拾い出し、それについてのデータを集めて分析し、さらにそれらを総合して地域の全体像を描き出すというすべてを1人で行なおうというのは、膨大な時間と超人的な労力を必要とする。

したがって本書では、集団調査の必要性を強調する。集団調査といっても、もちろん、単に人数が増えればいいというのではなく、さまざまなディシプリン（専門分野）の研究者が協同して調査を行なうことが重要である。これをインターディシプリン（学際）と呼ぶ。

地域の総合的な全体像を描こうとしても、1人だけで調査をしていては、どうしても特定のバイアスにとらわれやすい。その点、さまざまな分野の研究者が参加していれば、より客観的な像が描ける。たとえばある村について、人類学者ならば宗教儀礼に目を向けるかもしれないし、農学者は稲作に目を向けるかもしれないし、歴史学者なら村の長老たちに会って村の歴史を聞き取ろうとするかもしれない。それらを組み合わせれば、その村についての理解は確実に深まるだろう。

ただし、せっかくさまざまな分野の研究者が参加したとしても、各自が自分の専門分野に関係のあるテーマにしか関心を示さないようでは意味がない。フィールドワークの目的は地域の全体的な理解にあるのだから、現場においてさまざまな専門分野の参加者たちが相互に意見交換し合うことが重要である。農学者は人類学者が語る村の祭礼についての話に耳を傾け、歴史学者は農学者に対して稲作の技術についての質問をする。そういう中で、各自がそれぞれに、村の全体像を描き出そうと試み

ることが必要なのである。

　ただ、現実には、特に学生の立場では、そのような集団調査を組織することは難しい場合が多い。しかしその場合でも、インターディプリン的な視点をできるだけ取り入れることは必要である。たとえば、自分の調査対象地域について、他の専門分野で書かれた文献を読んでみること。あるいは、自分と違う分野の研究者に調査のやり方について話を聞いたり、機会があれば他人の調査に参加させてもらったりすることである。多方面にわたる知識といろいろなものの考え方を身につけていればいるほど、ある地域についてのより豊かな像を描くことができるだろう。

　以上が、本書におけるフィールドワークの目的と意義である。

## 5. 調査の手順と方法

　本節では、以下に続く各章の内容を一部先取りして紹介しつつ、具体的な調査の進め方について、概略を説明する。本書全体の内容を理解するための手助けとしていただきたい。

### 5.1. 事前準備

　実際に調査を始める前にやるべきことは多い。第2章はまず事前準備についての説明から始まる。詳しくは第2章を参照していただきたいが、ここでは、事前準備においてもっとも重視すべきことを2点、挙げておこう。まず第1は、現地カウンターパート（調査協力者）の協力を取り付けることである。どの国で調査をするにしても、その国の大学なり教育機関なりの協力がなければ、そもそも調査許可を得られない場合が多いし、調査地を選定することもできない。どのような機関をカウンターパートに選ぶかは、調査の成功・不成功をかなりの程度左右するのである。カウンターパートの選び方、相手との交渉における注意点などについては、第2章を参照していただきたい。

　本研究会の調査実習においても、最も苦労するのは実はこの点である。学生の立場でこのような交渉ごとを行なうのは非常に難しいが、毎年、多くの先生方の協力を得てなんとか調査を成功させてきた。その実例は第3部の各章で詳しく述べられている。

　次に、調査のテーマについては、前にも述べたように、事前にあまり細かく決めてしまわないほうが良い。しかし、だからといって、調査しようとしている地域について何も知らずに出かけていったのでは話にならない。事前に行なうべき第2のことは、文献資料によって調査対象地域についての情報を集めることである。ここでは、当然のことだが、自分の専門とする分野にとらわれず、できるだけ幅広い情報を集めるべき

である。

　個人で調査をする場合は、このような情報収集は自らの研究計画そのものの一部として行なうものであろう。一方、集団調査の場合には、調査開始前に何度か勉強会を開催し、調査地域についての知識を共有することが重要となる。本研究会においても、出発前の勉強会を非常に重視している。

## 5.2. 広域調査

　さて、カウンターパートの協力が得られることになり、調査する場所が決まったとしても、直接調査地に入ってしまう前にやるべきことがある。調査そのものはたとえば1つの村で行なうとしても、その村の周辺にどのような地域が広がっているのかをよく知っておくことは、きわめて重要である。たとえば、調査村でのインタビュー中、近隣の地名が出てくることはよくある。そういう時、周辺についての土地勘があるのとないのとではずいぶん違う。

　アジア農村研究会ではこれを「広域調査」と称して、フィールドワークの一段階として位置付けている。本書では第3章でこれについて述べる。広域調査とは、調査村を含むある程度の広さを持った地域(たとえば関東平野とか、チェンマイ盆地とか)を、普通は自動車で踏査し、景観を観察するものである。

　調査地の決定については、逆の手順を踏むこともありうる。つまり、調査地が決まってからその周辺を広域調査するのではなく、広域調査を行ないながら調査地を決めていくというやり方である。どちらの方法を取るかは、その時々の事情次第である。

　第3節で述べたことに従えば、広域調査は地域の全体像の把握、テーマの発見のための調査であって、データの収集を目的としたものではない。したがって、広域調査でやるべきことはひたすら観察することである。観察すべき具体的な事柄については、詳しくは第3章で述べられるが、ここでいくつか例を挙げておくと、地形的な特徴、農作物の分布、中心都市の位置と規模、交通の発達の程度などがある。

　広域調査の意義は、自分の調査地をより広い地域の中で相対化することである。たとえば、調査地において、稲作の他に果樹栽培が盛んに行なわれていたとしよう。その場合、まわりの他の村でも同様に果樹栽培が行なわれているのか、それともその村だけの特殊な状況なのかによって、その村に対する理解は大きく違ってくるはずである。つまり、自分の調査地における状況がどの程度一般的であり、どの程度特殊であるのかを知るということである。

このことは、「代表性」という言葉でも説明される。たとえば北タイのチェンマイ盆地のある村を調査したとしよう。その村の状況は、タイという国全体を代表していると言えるのか、それともチェンマイ盆地を代表しているのか、あるいはもっと小さな領域を代表しているのか。言い換えれば、その村を調査することは、タイという国全体について考えることにつながるのか、それともチェンマイ盆地についてなのか、あるいはもっと小規模な地域についてか。このようなかたちで自分の調査地の位置付けを明確に認識することが、広域調査の目的である。

広域調査は、必ずしも調査の最初にだけ行なうものではない。なぜなら、前にも述べたように、調査の過程で新たに調べるべき問題が浮かび上がってくることもあるからである。新たな調査テーマが発見された場合、そのテーマを念頭に置きながらあらためて周辺の村々を見てまわるということも、時に応じて必要となるだろう。

## 5.3. 測量

さて、いよいよ調査地において調査を開始するわけだが（1つの村にとどまって行なう調査を、我々は広域調査との対比で、「定着調査〈定点調査〉」と呼んでいる）、アジア農村研究会では原則として、調査のはじめに測量を行ない、村の地図を作成することにしている。そこで、本書第4章は測量の技術についての説明にあてられている。

かつては、アジア各国において村落レベルの詳細な地図を入手するのは困難だったから、自分で村の地図を作ることはどうしても必要であった。しかし現在では、多くの地域について、衛星写真に基づいた詳細な地形図が比較的容易に入手できる。にもかかわらず測量を行なうのは、以下のような理由からである。

第1に、自らの手で地図を作っておけば、出来合いの地図を利用するよりも村の地理や家々の位置関係がよく頭に入り、後々インタビューなどで村の中を歩き回るときに便利である。

第2には、地図そのものよりも、測量の過程において得られるものが大きいと考えられるからである。フィールドワークにおける観察の重要性については繰り返し述べてきたが、測量というのは、極度の集中力を持って調査地の風景を詳細に観察する行為である。ただ漫然と眺めるのでなく、測量という作業を通じて観察することによって、村の風景は全く違ったものに見えてくる。それは、その村に住む人々自身が村を見る視線に少しでも近づこうとする努力でもある。

第3に、これは経験則だが、一般的に言って、調査地に入ってすぐにインタビューを始めるよりも、まず測量を行なってからのほうが、調査

地の人々と良好な関係を築ける場合が多い。インタビュー調査においては、どうしても、調査地の人々に対してこちらが一段上の立場に立っているような印象を与えてしまいがちである。それを少しでも緩和するためには、測量をする自分たちの姿を調査地の人々に見せるというのは手っ取り早い方法の1つである。

どの程度詳しい地図を作るかについては、調査に参加する人数や村の広さ、用意できる機材などの状況に左右される。詳しくは第4章を参照していただきたい。

## 5.4. インタビュー

アジア農村研究会の定着調査の中心は、インタビュー調査である。調査地の1人1人に話を聞き、データを集める作業である。本書第5章ではインタビューに使用するクエスチョニア(調査票)の作り方について、第6章では実際のインタビューのやり方について説明している。ここでは、インタビュー調査の目的と意義について、基本的なことがらを述べるにとどめよう。

本研究会では、インタビュー調査を2つの段階に分けて考えている。第1段階は基礎調査、第2段階は専門調査と呼ばれる。本書は基本的には、第1段階である基礎調査を中心にして書かれている(専門調査については、後述する)。

基礎調査とは、広域調査と同様、テーマの発見のための調査である。特定のテーマに限定せず、調査地の人々の生活のあらゆる側面について、可能な限り網羅的にデータを集める。具体的な調査項目については第4章で説明されるが、大まかに言うと、個人レベルのデータ(学歴、婚姻歴、職歴など)と家族レベルのデータ(農業など家族規模の生業や家計状況など)、の2つに分けて項目を作成している。これらのデータを通して、まず地域の全体像を構築し、それをもとに、調査すべきテーマを徐々に絞り込んでいくのである。

この段階では、原則的には全数調査、つまり調査地のすべての人に対してインタビューを行なう。特定のテーマをあらかじめ設定して調査をする場合であれば、何らかの基準を用いてサンプリングを行ない、一部の人々に対してだけインタビューを行なうという方法もあり得る。しかし基礎調査の目的は調査地の全体像の把握であり、テーマの発見であるから、サンプリングという手法は有効ではない。

しかし、全数調査というのは非常な時間と労力を必要とする。事情によっては、全数調査が実現不可能な場合もあり得るだろう。その場合、2つの対応策が考えられる。第1は、ランダム・サンプリング、つまり

全く無作為に調査地の人々から一部を選び出してインタビューを行なう方法である。ただ、現実には、完全に無作為なサンプリングというのは不可能に近い。たとえばある人はインタビューを拒否するかも知れないし、調査地における人間関係に影響されてしまう場合もある。

　第2の方法は、調査する範囲を縮小して、たとえば村の中のある1区画を対象として全数調査を行なうことである。この場合は、限られた範囲内であっても網羅性は確保することができる。ただし、この場合、自分が調査した区域が村全体の中でどういう位置付けにあるのか、つまりその区域の代表性について、しっかりと認識しておく必要がある。

　インタビューにおいて重要な点はもう1つある。それは、インタビューはアンケートではない、ということである。事前に調査票は用意するけれども、それは、調査票に沿って一問一答形式のインタビューをするということではない。そうではなく、インフォーマントとの比較的自由な対話によって、インフォーマントのほうから自発的に語ってくれるような形でインタビューを進める。調査票は、インタビュー中に現れた情報を整理するためのチェックリストとして利用する。

　なぜなら、基礎調査の目的はテーマの発見、地域の主張の発見にあるからである。一問一答形式で、こちらから質問を提示し、答えを要求するというやり方は、こちらの関心を相手に押し付けることに他ならず、地域の主張を見つけ出そうという目的には合致しない。そうではなく、自発的な対話を通じて、相手が何に関心を持っているかを探り、それによって、この地域の主張は何か、調べるべき問題は何かを探り当てていくのである。

## 5.5. データの整理

　インタビューによって得られたデータは、当然何らかのかたちで整理され、記録されなければならない。アジア農村研究会では、その日のインタビューで得た情報はその日のうちにデータ化することを原則としている。

　データの即日処理が重要な理由は、言うまでもなく、人間の記憶というのは頼りないものだからである。1日が経って、次のインフォーマントにインタビューをしてしまうと、前の日にインタビューした相手についての記憶はきわめて曖昧になってしまう。

　インタビューで得られたデータは、定量的データと定性的データの2つに大きく分類されて処理される。定量的データとは、数字で表すことのできるデータ、他と比較することのできるデータであり、定性的データとは、数量化することができないデータである。前者はたとえば年齢、

学歴(通算年数の合計というかたちで数値化できる)、所有する土地の面積などであり、これらはパソコンの表計算ソフトなどを利用してデータベース化する。後者は「Aさんは自分の水田を自分で耕作しているが、田植えの時期には隣村に住む息子夫婦も手伝いに来る」とか、「Bさんはいま大学に通っている息子についてとても自慢げに話してくれた」など、数値化しきれないすべての情報である。こちらは、ワープロソフトなどを使って、基本的には「見たまま、聞いたまま」を文章の形で記録する。

こうして、全員に対する基礎調査が終了すれば、2種類の基礎データが得られることになる。表計算ソフトによって整理されたデータベースは、調査地域の定量的な傾向を全体として調べるのに利用される(たとえば農家世帯が全体の何%とか、世帯あたりの平均収入はいくらなど)。一方、文章の形で記録された定性的データは、調査地域の全体像を感性的に把握する上で役に立つ。

## 5.6. 生活環境

以上で方法論の説明はひと通り終わったのだが、調査中、24時間ずっとインタビューや測量をしているわけではない。当たり前だが、食事したり、休息をとったりする時間もある。第7章においては、調査中の衣食住をはじめ生活環境全般についての説明を行なっている。

そのようなことはたいした問題ではない、と思われるかもしれない。しかし、フィールドワークというのは多かれ少なかれ体力勝負であるから、できるだけ快適な生活環境を整え、健康管理に留意することはきわめて重要である。特にアジア農村研究会のような集団調査の場合、その重要性は大きい。

特に重要なのは健康管理であろう。第7章では、主に調査中の健康管理に関する注意点を説明しているが、それ以前に、出発前から自分の健康状態をチェックし、何か持病などがある場合はその対策をとっておくことが必要なのは言うまでもない。

## 5.7. 調査の成果

第8章では調査終了後の過程について説明している。主として、調査地を去るにあたっての後始末と、調査結果のまとめ方の2つである。

調査地を去る際に最も重要なことは、調査地の人々やお世話になった人々にきちんとお礼をし、その後も継続して友好的な関係を保てるよう配慮することである。調査地との関係が、調査期間中だけの一過性のものであってはならない。

調査結果のまとめについては、普通ならばその成果を論文や報告書などの形でまとめ、発表するということになる。しかし、繰り返し述べてきたように、本書で説明する基礎調査は地域の全体像の把握、テーマの発見を目的とするものであって、それ単体で学問的成果をあげることを目的としたものではない。したがって、第8章においては、基礎調査で得られたデータをその後の調査に活かすためには何をするべきか、という観点から、調査結果のまとめ方を説明している。

## 6. 専門調査

　以上のような過程を経て基礎データが出来上がれば、それを検討することによって、より詳しく調べていくべきテーマを見つけ出すことができる。ここからは次の段階、すなわち、個別のテーマに焦点を当てた専門調査の段階となる。

　専門調査については、残念ながら本書では完全には扱い切れない。なぜなら、この段階では、調査するテーマによって調査のやり方がさまざまであり得るし、個々のテーマに応じた専門知識が必要になるからである。たとえば、基礎調査の結果、この村では稲作について調べることが重要であると判明したなら、農学についての専門知識が必要になる、というようにである。

　とは言っても、専門調査の段階においても基本的な方法論がそれほど大きく変わるわけではない。調査地域の全体像を常に念頭に置きながら収集したデータを1つ1つその中に位置付けていくというやり方は、どんなテーマについてどのような方法で調査する場合でも、じゅうぶん有効なはずである。

　また、現実の調査においては、基礎調査の段階と専門調査の段階は必ずしもはっきり区別されるわけではない。むしろ通常は、調査が進むにつれて、基礎的な調査から専門的な調査へ緩やかに移行していくというかたちになるだろう。

　実際、本研究会の調査実習においても、ある程度テーマを絞った専門性の強い調査を行なったことは何度かある。たとえばマレーシア・スランゴル州の調査実習(第12章)においては、同じ村を2度にわたって調査するという機会に恵まれたため、2回目の調査時には村落史の解明というテーマを設定して調査を行なった。

　最初に述べたように、本書はフィールドワークのための実践的なマニュアルを意図して書かれたものである。しかし、現実とは常にマニュアルどおりにはいかないものだ。実際の調査の現場では、さまざまな事態

が起こり得る。そうした場合に、本書の内容にとらわれ過ぎて臨機応変な対応ができなくなってしまっては、本末転倒である。

　本書は「正しい」フィールドワークのやり方を提示しようとするものではない。本書が提示したいのはむしろ、より有意義なフィールドワークのあり方、である。本書で説明する調査の方法は、けっして効率的なものではなく、むしろ多大な時間と労力を必要とする。だが、それだけの労力をかけてこそ、インスタントな理解ではない、真摯な理解が得られると思うのである。(國谷徹)

# 第 2 部
# マニュアル編

# 第 2 章
# 調査の準備

　本章では、調査を行なうにあたってどのような準備が必要かを述べる。しかし、当然ながら、調査の形態によって必要な準備は異なってくる。アジア農村研究会の調査は、集団による調査であること、2週間という短期間の調査であること、という2つの特徴があり、準備活動もそれを前提としている。本章では、本研究会の調査経験をもとにしつつ、準備の際どのような点に留意すべきかという点を重視して準備活動の流れを述べていきたい。

　なお、本章で述べるのは基本的に定着調査の準備活動であり、広域調査の準備活動については第3章で述べる。

## 1. 調査計画の立案
### 1.1. 調査の計画を立てる

　アジア農村研究会の調査は調査団を組織しての集団調査であり、(1)最高責任者となる団長、(2)金銭面の責任者となる会計を選定するところから始まる。

　責任者が決まったら、調査の場所、期間、内容など、大まかな調査計画を立てる。

　調査の計画ができても、いきなり希望する調査地に飛び込んで調査を開始するというわけにはいかない。調査を行なうには、まず調査地に受け入れてもらう必要がある。その過程では、調査地だけでなく、行政当局などとも交渉を行なわなくてはならない。しっかりとした手続きを踏まないままで現地に赴くことは、トラブルのもとになりかねない。

　最初にやるべきは、調査対象地域を研究している日本の専門家に相談

memo

することである。現地での調査経験を持つ専門家からのアドバイスはなにより貴重である。そして、調査における現地のカウンターパート（調査協力者）を紹介してもらうようにお願いすることである。

## 1.2. カウンターパートを選ぶ

カウンターパートとは、調査における現地側の提携者であり、具体的にはその地域の大学や研究所などの学術機関に属するスタッフということになる。調査には、このカウンターパートの存在が不可欠である。

カウンターパートには、調査に必要な諸手続きを進める際の現地における窓口になってもらう。特に行政手続きにおいては、現地側に受け入れ機関（あるいは受け入れ者）がないと調査許可が出ない国も多い。また、カウンターパートが大学などの現地で信用のある組織の構成員であれば、調査地での交渉がやりやすくなるということもある。

それでは、カウンターパートを選ぶための条件はどのようなものであろうか。第1に、フィールドワークのノウハウを持っていることである。調査について協力や助言を受けるには、フィールドワークを専門としている機関の関係者であるに越したことはない。また、外国人への協力の経験を持っていることが望ましい。外国人が調査を行なう際の手続きの中には特殊なものもある。共同調査などの実績があり、そうしたやり方を熟知している人を探したい。さらに、外国人と協力しようという積極的意思があることは重要である。カウンターパートの側にしてみれば、日本人の学生の調査に協力してもそれほど見返りが期待できるわけではない。したがって、誰もが熱心に協力してくれるとは限らないのである。協力を要請する側としては、そうしたことを十分わきまえて、一方的に協力をお願いするだけでなく、協力してくれる相手にこちらから何ができるかということを常に考えるべきである。

こうした条件を備えたカウンターパートを見つけるためには、自分で

memo

探すよりも、現地の事情に詳しい専門家に推薦してもらうのが一番確かである。本研究会では、国内の専門家を通じて、カウンターパートに引き受けてもらえるようお願いする場合が多い。一般的に、学生という身分は信用されにくい。面識のない人と交渉する場合、有識者の紹介をもらうことは有効である。

カウンターパートにふさわしい機関、人を紹介してもらったら、さっそく協力を要請することになる。公式の連絡は、Eメールなどよりもフォーマルな手紙の方がよいだろう。手紙の中で、誰の紹介でということを明記した上で自己紹介し、調査の構想を知らせて協力の要請をするのである。調査の構想は、調査地、期間、内容などをできる限り具体的に書き、その上でどのような協力を求めるのかを明確にしておくことが大切である。

カウンターパートから調査への協力の了承が得られたら、彼あるいは彼女と連絡を取りつつ調査の大枠を固めていくことになる。カウンターパートにどの程度調査に関わってもらうにせよ、これ以降、彼(女)との連絡はできる限り密にしていかなくてはならない。

## 1.3. 調査地を決定する

調査を行なう上での出発点となるのが、調査地の決定である。本研究会の方法論では、調査は(1)広域調査、(2)基礎調査、(3)専門調査、の3つの段階を踏む(→第1章 フィールドワークの方法論)。定着調査は(2)基礎調査以降のこととなるが、その調査地は、(1)広域調査の結果浮上したその地域の問題点を明らかにするために最も適切と思われる場所を選定する(→第3章 広域調査)。ただ、そこまで入念な準備ができない場合もあるだろう。最初からテーマ性を持った調査を行なう場合は、当然その問題意識に合った調査地を選ばなければならない。

いずれにせよ、調査地を決めるにはカウンターパートと相談する必要

memo

がある。はじめから具体的な調査地の希望があるならば、そこで調査を行なうことが可能かを問い合わせればよい。しかし、具体的な地名まで絞れない場合には、調査地に関する希望、すなわち、地理的な条件（調査地の位置など）や社会的な条件（調査地の生業など）をなるべく細かく挙げた上で、カウンターパートに相談すべきである。フィールドワークのノウハウを持ったカウンターパートならば、希望に合った調査地の選定について、助言をもらえるだろう。

## 1. 4. 調査地を下見する

　調査地の絞り込みができたら、調査を受け入れるという承諾を調査地から得る必要がある。調査地との最初のコンタクトは、現地の事情を理解しているカウンターパートを通じたほうがよい。その際にも、調査の計画をできる限り具体的に調査地側に提示して、協力を要請する必要がある。

　調査の内諾が得られたとしても、実際の調査に入る前に、調査地の下見を行なっておいたほうがよい。その理由はいくつかある。

　第1に、調査地における責任者（村なら村長など）に挨拶し、彼らと個人的な関係を築いておくことは、その後のことを考えても有意義である。調査地としても、外国人の研究者を受け入れるということは日常的なことではない。実際に相手に自分の姿を見せ、顔を覚えてもらうことで初めて、調査を行なうということを先方に認識してもらうことができる。

　第2に、実際に調査地を訪問し、自分の眼で見て、調査地のイメージを持つことも重要である。調査地の広がり、景観などを実際に見ることで初めて理解できることもある。それにより、自分たちは調査中どこに滞在し、どのようにして移動し、どの程度のペースで調査をするのかということをシミュレーションをすることが可能になる。

　さらに、調査地が村落だったり、1本の通りだったりする場合、調査

memo

地の情報収集をするには現地に行くしかない。前もって調査地を訪ね、家の戸数、人口といった統計的情報や、調査地の地図などといった資料をできる限り収集しておけば、具体的な調査の計画やインタビューの内容を検討する時に役に立つ。

　また、下見に行く際には、カウンターパートにもそれまでの協力への謝辞を述べるとともに、今後の調査に至るまでの準備の段取りを確認しておく。本研究会では、毎年3月に行なう調査の下見を前年の8月の夏季休暇中に行なうことが多い。

## 1.5. 調査のスケジュールを立てる

　調査の具体的なイメージができたら、具体的なスケジュールを固めていくことになる。

　まず、調査期間はどのくらい必要であろうか。もちろん長い期間が取れればそれに越したことはないが、短期間しか取れない場合は、考慮すべきことがいくつかある。たとえば、インタビューを行なうのなら、どの程度のインタビューを何軒行なうか。調査地の規模が大きければ、それなりの日程が必要になる。

　本研究会では、インタビューは1日2軒程度である。ただし、インタビューをしていくうちに、1軒の家に複数回行く必要が出てくる場合もあるので、余裕を持った日程を組んでいる。調査期間は毎年2週間で、そのうちインタビューに割けるのは8〜9日といったところである。調査期間2週間というのは、学生による集団の調査であるため、共通して休みが取れるのはこの長さが限界という事情によるものである。本研究会のように期間が先に制限されている場合には、日程に合わせてインタビューの形態を考えなくてはならないということも言える。

　また、現地の大学のスタッフや学生の協力をあおぐ場合、大学の日程（試験期間、休暇など）にも配慮する必要が出てくる。調査地としても、

memo

避けてほしい日というものがある。たとえば、正月やお祭りなどの前後は、客人として行事に参加したり観察したりすることはできるが、インタビューを行なうのは難しい。アジアでは暦も多様であり、中華文化圏は農暦、イスラーム圏はイスラーム暦、上座仏教圏は仏暦が日常生活に用いられている。行事もまた地域によってさまざまである。こうした現地側の事情は、日程を固める前に十分考慮する必要がある。

## 1.6. 調査許可を取る

　調査計画を固めていくのと並行して、行政的な手続きを行なわなければならない。調査を行なうにはその国の公式な調査の許可（ビザ）を取る必要があるためである。

　どのような手続きが必要かは、当然ながら国により異なるので、まず情報収集をする必要がある。現在では、行政当局のホームページなど、インターネットを通じてかなりの程度の情報収集を行なうことができる。その上でわからない部分は、カウンターパートを通じて尋ねてみればよい。

　許可を得るには、所定の書式にそった書類（調査の計画書など）を当局に提出しなくてはならない。書類の作成に関しては、国内外の専門家とよく相談すべきである。特に、調査内容に政治的に敏感な問題に絡む事柄（たとえば、少数民族問題や宗教問題など）が含まれる場合には、書類の書き方には注意が必要である。

　また、気をつけるべきは、どこの国でも行政手続きには予想以上の時間がかかるということである。手続きそのものは簡単でも、許可がおりるまで何ヵ月も待たされる場合もある。書類に不備があったりするとさらに厄介なことになるので、事前にしっかりとチェックしておいたほうがよい。

　行政関係の手続きにおいて、当局との関係に問題が起こった場合、自

memo

分ばかりでなく、カウンターパートに迷惑をかけることになる。アジアには政治体制が開放的とは言えない国もある。行政手続きは、カウンターパートとよく相談した上で慎重に行なう必要があろう。

## 2. 国内における準備活動
### 2.1. 参加者を募集する

アジア農村研究会の調査の1つの特徴は、集団で調査を行なうということである。これは、調査に興味を持つ人に、所属や専門分野にかかわらず、幅広く参加してもらうことが重要と考えているからである(→第1章 フィールドワークの方法論)。このため、本研究会では、参加者を一般に公募するという方式をとっている。調査は毎年3月に行なうが、前年10月ごろに案内を各方面に送り、年内をめどに参加者を募集している。

参加者の募集は、学会組織(東南アジア史学会)のメーリングリストを通じて行なっている。また、過去の参加者に対しても参加を呼びかけると同時に、興味を持つ人を紹介していただき、個人的なつながりを利用して情報を広めることを試みている。集団で調査を行なうために参加者を募る際には、参加者の専門に多様性を持たせるためにも、なるべく幅広く声をかける方法を探っていく必要がある。

参加者が集まった段階で、調査団の編成を決める。本研究会の調査団における主な役割分担は以下の通りである。

❶団長:調査の責任者。
❷会計:金銭管理の責任者。
❸調査票担当:インタビューに使用する調査票の立案、作成を行なう(→第5章 調査票の作成と活用)。
❹保健担当:医療品を準備し、調査中は参加者の健康管理の責任となる(→第7章 調査環境)。

memo

❺班長(複数):インタビューは、調査団をさらに数人の班に分割して行なうが、その班の責任者(→第6章　インタビュー)。

集団で調査を行なう場合、責任の所在があいまいになったり、逆に1人が過大な責任を負ったりすることがないように、役割分担をしっかりとしておくことが大切である。

## 2.2. 予算を立てる

学生が調査を行なう際、大きな問題の1つが金銭的な問題であろう。調査とは、どの程度費用がかかるものであろうか。調査には、調査地でかかる費用に加えて、その準備段階での費用も含めるといろいろな種類の支出がある。

まず、調査地でかかる費用を、❶現地における生活費、❷調査にかかる費用、に分けて考える。

❶現地における生活費の中には、宿泊費、食費、交通費などが含まれる。それらは国ごとの物価水準により異なってくるのは言うまでもないが、同じ国の中でも都市から離れればそれだけ物価も安くなる。また、滞在が長くなれば、1日あたりにかかる費用は割安になるだろう。こうした物価水準はガイドブックでも調べられるし、海外各地で生活するためのマニュアル本の類も出版されている。

こうした生活費は、日本と比べれば、かなり安くすむはずである。しかし、これを見積もる際、あまりに節約しすぎるのはよくない。調査に最も必要な体力の維持には、それなりに快適な生活環境が必要である。途中で体調を崩さないためにも、こうした環境の整備は、軽視しないようにしたい。

❷調査にかかる費用を正確に見積もるのは難しい。まず、調査地に払う謝礼が考えられる。本研究会の調査では、調査地に対する謝礼は払ったこともあれば払わなかったこともある。直接の謝礼でなくても、たと

memo

えば、調査地の学校や宗教施設に寄付をするといった手段をとることも考えられる。謝礼の額は、少なくては相手に不満を持たれてしまうが、多すぎても、謝礼の「相場」を上げてしまい、間接的に他の研究者に迷惑をかけるばかりか、地元にとってもよくない結果となる。これについては、その地域の調査における慣例に従うのが一番であり、カウンターパートとも相談した上で決めるべきである。

さらに、通訳や助手などのように、現地で協力を求めた人に対する人件費がある。これについても、そのような専門職に対する報酬の相場を知っておく必要があり、カウンターパートに相談したほうがよい。

この他にも、カウンターパートや調査地の人々に対しては、こちらから何らかの形で謝意を表す必要がある。そのため、おみやげや贈り物を持っていったり、お礼の席を設けたりする費用も勘案しておいたほうがよい(おみやげについては、後述する)。

全体として、調査費用は、これらの費用に往復の航空券代、旅行保険料(→第7章　調査環境)を加えたものになる。ただし、調査では何が起こるかわからないので、相応の予備費は用意しておくに越したことはない。

当然のことながら、調査を行なうには多額の費用が必要になるということである。金銭面での問題を解決する手段として、奨学金や助成金を探すというのも1つの準備活動と言えるだろう。本研究会では、国際交流事業として、三菱銀行国際財団から助成を受けた経験がある。会が13年の長きにわたり活動を継続してこられたのも、この助成によるところが大きい。

## 2.3. 調査の下調べをする

アジア農村研究会では、参加者が確定する1月以降、いくつもの会合を行なう。多様な参加者が集まる集団での調査では、調査にいたるまで

memo

にお互いを知り合い、一定の問題意識や情報を共有しておくことが重要だからである。また、単身で調査する場合でも、調査の前提となる知識や方法論を身につけておくことは最低限必要な準備活動と言えよう。

本研究会が毎年行なう会合は、❶説明会、❷測量実習、❸調査票検討会、❹勉強会である。

❶説明会：参加者の顔合わせを兼ねた第1回目の会合。調査についての考え方（→第1章　方法論）や技術的な諸注意（第2部の内容に当たる）を説明し、調査に対して一定の共通認識を持つことを目的にしている。

❷測量実習：参加者に、測量器具の使用方法を習得し、実際に測量を体験してもらう（→第4章　測量）。

❸調査票検討会：参加者全員でインタビューに利用する調査票の内容を検討する（→第5章　調査票）。

❹勉強会：調査地に関連する知識を得る。その地域の専門家の先生を招いて講義をしていただいたり、文献の購読を行なう。簡単な語学講座を開くこともある。

調査者としてまずやるべきことは、調査地について知識を深めることである。調査地の地理、歴史、産業などのさまざまな側面について、事前に入手できる限りの情報を参加者が共有しておくことは、調査を行なう上での前提であろう。

文献に関して言えば、既にアジア各地におけるフィールドワークによる研究の蓄積がかなりあるので、それらの先行研究を収集して目を通しておくことが必要である。調査対象地域について、さまざまな方法論を用いた研究を幅広く集め、比較検討し、自らの調査に生かせるものは取り入れていくべきであろう。

ただし、こうした先行研究に過度に影響される必要はない。調査地はそれぞれ独自の個性を持っている。日本であらかじめ問題を設定しておいても、実際に調査地に入って調査をしてみると、先行研究とは全く違

memo

う問題が出てくることもある。その場でそれに適切に対応していく臨機応変さも必要であろう。

## 2.4. 持ち物を準備する

　調査の際必要なもので、日本で用意しておくべきものがいくつかある。ここでは、❶調査機材、❷おみやげ、❸文具、に分けて述べたい。なお、この項の内容に関しては、「第6章　インタビュー　1.2. 用意するもの」の項でも述べられているので、あわせて参照されたい。

　❶調査機材：本研究会が使用している調査機材は電子機器と測量機材である。このうち、測量機材については測量の項で触れるとして（→第4章　測量）、ここでは電子機器について述べる。

　まず、パソコンはインタビュー結果を入力する際に使用する。なるべく持ち運びやすいものがよい。ここで問題となるのが電圧とプラグである。電圧は国によって異なるし、電力供給が不安定な地域では一定しないこともある。現在のノート型パソコンはある程度の高電圧には対応できるようになっているが、安全のため、変圧器を持っていくことが望ましい。差し込みプラグの形も国によって異なっているため、日本の電化製品を使う際には、専用のプラグが必要である。また、調査中に書類や手紙を作成することが必要になることもあるので、プリンターもあったほうがよい。

　この他に必要な機器として、カメラがある。写真は、調査地において視覚的な記録を残すことができるという点で貴重である。特に、デジタルカメラは、画像をデータ化して扱える点で便利である（→第6章　インタビュー）。

　❷おみやげ：現地側の協力者に対し、お礼として渡すおみやげは、日本で調達しておく必要がある。誰に何を渡すかをきちんと決めておかねばならない。渡す相手としては、カウンターパート、通訳などの協力者、

memo

インフォーマントなどが想定される。相手によって渡すものを変えるのはかまわないが、社会的地位が同等と思われる複数の相手には基本的に同じものを渡すべきである。予想以上に多くの人に渡す必要が出てくる場合に備えて、予備のおみやげも用意しておいたほうがよい。

　具体的な品物としては、日本的な装飾品(人形など)か、もしくは実用品(ネクタイ、スカーフなど)といったものが考えられる。何が喜ばれるかは、その地域によっても異なるため、実際の調査経験者に尋ねるのがいいだろう(→第6章　インタビュー)。

　❸文具：まず、フィールド調査の必需品となるのが野帖(フィールド・ノート)である。これはメモ帳であるが、常に持ち歩くものであるので、なるべく小さく、また表紙が硬いものが望ましい。これは、メモをとる際、表紙が下敷きの代わりになるためである(→第6章　インタビュー)。筆記用具はなくしやすいので、予備を持っていったほうがよい。また、測量により地図を作成する場合には、三角定規と分度器、トレーシングペーパーといった製図用品が必要となる。

　その他の生活用品については、調査環境の章を参照していただきたいが、中でも注意したいのが医療品である(→第7章　調査環境)。長期間の調査をする場合、肝炎などの予防接種は受けていったほうがよい。

## 3.　調査を始める前に
### 3.1.　現地での生活体制を整える

　調査を始める前には、調査を円滑に進めるための準備を済ませておかなくてはならない。まずは、現地において生活できるだけの環境を整えておく必要がある。少なくとも、❶宿泊地、❷交通手段は手配しておく必要がある。

　❶宿泊地の手配：調査中どこに滞在するかは重要な問題である。単身による長期間の調査ならば、調査地に泊まり込むのが一番便利である。

memo

この場合は、調査地で直接交渉するしかないので、下見の時に話し合っておくべきであろう。しかし、集団で調査を行なう場合、全員が調査地に泊まりこむのは難しい。その場合には、近くの宿泊施設を確保する必要がある。人数が多かったり、調査地が町から離れていたりする場合、適当な宿泊施設を確保することは簡単ではないため、予約はなるべく早くやったほうがよい。

　また、集団の調査で宿泊施設を選ぶ際には、参加者が一堂に会することができる空間（会議室など）が確保できることが望ましい。インタビュー結果の入力（→第6章　インタビュー）をする際には全員が一緒にやったほうが情報交換ができて効率がよいし、全員でミーティングを開く必要もあるからである。

❷交通手段の手配：宿泊地と調査地が離れている場合、両者の間の移動手段を確保しておく必要がある。また、調査地が散村の場合には、調査地内の移動も問題になる場合がある（→実践編　スランゴル調査）。

　これらの場合、交通手段を事前に確保しておく必要がある。本研究会の場合は車やバンをチャーターすることが多い。ホテルに宿泊する場合、ホテルが車を持っていることもあるが（→実践編　スランゴル調査）、そうでない場合、旅行代理店をあたるなど何らかの方法で確保しておく必要がある。また、日本で調査を行なった時には、レンタカーを利用した（→実践編　沖縄調査）。

　長期間の調査の場合、バイクや車を長期間借りきるか、買ってしまうという手段もある。東南アジアでは中古車（バイク）の取引が日本より盛んな国が多いため、一度買った車（バイク）をさらに売ることが比較的容易なのである。ただ、自分で運転しようとする場合、免許制度は国によって異なるため、国際免許証が通用するかどうかなどは事前に確認する必要がある。

memo

## 3.2. 通訳、助手を雇う

　海外で調査を行なう場合、現地語を習得し、通訳をつけずに自分でインタビューを行なうのが基本である。しかし、アジア農村研究会の場合は、専門を異にする参加者による集団調査であり、調査期間が短いという制約があるため、現地で通訳を雇っている。また、調査地において助手を雇うという選択肢もある。本研究会では、多くの場合カウンターパートに学生を紹介してもらい、通訳として調査に参加していただいている。拘束期間が長くなると、適当な人材を見つけるのは容易ではないので、カウンターパートには早めに頼んでおく必要がある。これまで本研究会が学生に通訳を頼んだ際は、日本語を勉強している学生の場合と、カウンターパートの学科の学生(現地語=英語の通訳として)の場合があったが、調査そのものへの興味を共有しやすいという点で後者のほうがいいと思われる。

　通訳を通じてインタビューを行なう際には、調査を行なう前から通訳と意思疎通を密にして、調査の趣旨を理解してもらうことが大切である。通訳は、単なる仲介者というだけでなく、現地事情に通じた貴重な助言者でもある。特にインタビューの際には、調査者の一員として参加してもらうことが重要である(→第6章　インタビュー)。

　また、調査を円滑に進めるために、現地で助手を雇うという方法もある。現地側の仲介者を持つことで、さまざまな交渉がやりやすくなることがあるからだ。この場合は、調査地に入って人間関係を築いていく過程で見つけるということになるだろう。

## 3.3. 調査地に入る

　準備を整えたら、いよいよ本格的に調査地に入ることになるが、その前には、カウンターパートを訪れて、これまでの協力に対してあらためてお礼を述べておくべきである。集団で調査を行なう場合は、全員で訪

memo

ねたほうがよい。

　調査地に入ってからも、いきなり調査を始めるのではなく、いくつか手順を踏むほうが調査をスムーズに進めることができる。

　まずは、調査地の責任者(村長など)に公式な挨拶をしておかねばならない。ここでも、全員で調査地を訪ねて顔合わせをすることが重要である。そして、調査地の有力者の人々も紹介してもらい、挨拶をしておくことが望ましい。このような場では、こちらからスピーチをする必要が出てくるかもしれない。その際には、誰に対してどのような順序で謝意を述べるか注意すべきである。このようにして実際の調査を始める前に調査地のなるべく多くの人にこちらの顔を覚えてもらうことができれば、その後の調査がやりやすくなる。

　それと同時に、調査の前段階で、調査地の責任者に対しては調査の具体的なスケジュールを説明し、協力をとりつけておく必要がある。インタビュー、すなわち戸別訪問をする前には、調査地の責任者の方からあらかじめそれを周知させてもらうことが重要だからである。調査者が調査地の責任者の了解を得ていることが認識されていれば、訪問も受け入れられやすい。

　こうした手順を踏んだあと、戸別訪問にとりかかることになる。どのような形で家を訪問するかは、調査地によって異なってくる。農村の場合、事前に村長などを通じて周知させておいてもらえれば、そのまま訪ねていってもさほど問題は起こらない。しかし、都市近郊で賃労働者が多い地域を調査地にする場合などは、日中尋ねても留守であることが多いため、前もって一軒一軒調査家屋を訪問し、日時の約束を取り付けて歩いたほうがよい(→実践編　スランゴル調査、ペナン調査)。ただし、事前に約束をとりつけておいても留守であった、ということもままあったのであるが。

　調査が短期間で時間に制約がある場合、戸別訪問を効率的にやらない

memo

写真 2-1　調査開始前、カウンターパートに挨拶（ベトナム、ハノイ調査）。

と期間中に終わらなくなってしまう。そのため、前もって訪問のスケジュールを立てておくことが必要である。本研究会では、調査の責任者が調査の数日前に調査地に入って最終準備を行なうようにしている。このような準備が整って、初めて調査が開始されるのである。(坪井祐司)

memo

## 第 3 章
## 広域調査

　第1章で述べたように、広域調査とは、ある程度広い範囲の景観を、自動車などを用いて、できる限り詳細に観察する調査である。これは、ある村落を長期的に調査する前に、その村の周辺にどのような地域が広がっているのかを知るための調査である。

　調査を実施する上で、まず行なわなければならないことは、どのような範囲を回るのかを決定することである。第1章を例にとるなら、北タイのチェンマイ盆地のある村を考える際に、その村の「代表性」を知るためには、まずタイ全体の中で北タイを、北タイの中でチェンマイ盆地を、チェンマイ盆地の中でその村を、それぞれ位置付ける必要がある。そのためには、バンコクを含む中部タイや東北タイを広く回ることから始め、チェンマイ盆地の中をなるべく網羅的に回ることに至る、さまざまな調査段階を踏むことになる。本格的な調査であれば、定着調査中にも、時間を見つけ、これらの調査を行なう必要がある。

　しかし、限られた調査期間の中で、これらのすべてを行なうことはできない。実際には、調査期間や費用、テーマなどによって調査範囲を決定していくこととなる。

　アジア農村研究会では、3〜4年に1度、広域調査の実習を行なっている。これまでに、東北タイ調査(1993年)、スマトラ島調査(1997年)、南タイ・北マレーシア調査(2002年)の計3回の広域調査を実施した。

　本章では、2002年3月に実施した南タイ・北部マレーシア調査をもとに、広域調査に必要な準備と方法について概観する。調査の具体的な過程や成果については、第14章を参照していただきたい(→第14章 南タイ・北部マレーシア調査)。

memo

写真3-1　出発地点、バンコク（南タイ・北部マレーシア広域調査）。

# 1. 調査準備
## 1.1. 調査地の下見と決定

　定着調査と同様に、広域調査も前年の調査終了時に大まかな調査地を決定する。しかし、その準備には、第2章で述べた定着調査の準備とは異なる点がいくつかある。

　南タイ・北部マレーシア調査の場合、チャオプラヤ・デルタの中心部に位置しているバンコクを出発し、マレー半島を東西に横断しながら南下し、タイ＝マレーシア国境を越えて、最終的にペナン島に至るルートを設定した。ルート設定に際しては、国内の専門家の先生と相談しなが

memo

らその概略を決定した。その後、下見の際に、カウンターパートの先生と国内で設定したルートでの調査が可能かどうかを相談し、最終的な調査ルートを決定した。なお、集団調査の場合、多くの参加者が疲労を感じる調査半ばに休息できる日を設けるなど、余裕のあるスケジュールを組むのがいいだろう。

　集団調査の場合、下見は、参加者の募集前、即ち調査開始半年前までに実施したほうがよい。下見では、主に現地カウンターパートとの交渉と宿泊地・移動手段の確保をしなければならない。

　現地カウンターパートは、国内の専門家と共に現地の大学や研究機関をいくつか回り、協力して下さる方を探すとよい。現地の大学や研究機関の方をカウンターパートとし、調査への同行をお願いすると、現地専門家の指導のもと、充実した景観観察ができるだけでなく、大人数がバスで見知らぬ地域に入っていく際に生じるさまざまな困難の解決においても助かることが多い。

　広域調査は各地の景観を見てまわるという調査の性格上、少人数の場合、観光ビザで調査が可能な国が多い。しかし、地域によって、また調査参加者の数によっては、専門の調査許可を必要とすることもある。調査許可が必要か否かは、カウンターパートに協力をお願いする際に、必ず確認しておきたい事項である。

　以上は集団で広域調査を行なう際の方法であるが、個人で調査を行なう場合、下見を行なう必要はないだろう。しかし、個人調査の場合も、調査を行なうためのカウンターパートは決めておく必要があろう。個人の場合、カウンターパートを決めたら、車や公共交通機関を利用して調査を行なうのがよい。

　カウンターパートに協力をお願いする際に注意した点は、観光旅行との違いをいかに説明するかである。車などを利用して広い範囲を見てまわることは、一般の観光旅行と類似している点が多い。下見の際に、以

memo

下で述べるような広域調査の意味を十分に説明し、その方針に対する理解を求めた上で協力をお願いすることが重要であろう。

## 1.2. 宿泊地・移動手段の確保

広域調査において、定着調査と最も異なる点は、宿泊地がほぼ毎日変わることである。そのため、準備段階では、宿泊地と移動手段をいかに確保するかが最大の問題となる。その方策は、日本ないし現地の旅行代理店にすべて手配を任せるか、自力で準備するかのどちらかとなる。

前者を選ぶ場合、こちらは赴きたい先とその移動経路を伝え、調整するだけでよい。だが、この方法は、手数料がかかるから、自力で準備するよりもかなり割高となる。費用の面のみならず、実際の現地の状況を知っておく上でも、宿泊施設などの準備は、代理店にすべてを任せることはお勧めできない。もし任せるとしても、できる限り事前に赴いて自分たちの目で見ておくべきであろう。

■宿泊地　宿泊地に関しては、まずカウンターパートの大学や研究機関に、利用可能なゲストハウスなどの宿泊施設があるか問い合わせてみるとよい。現地の大学や研究機関の場合、自身でそのような施設を持っているだけでなく、提携している施設などがある場合もある。もしそのような施設を借りることができれば、費用の面でも、手間や安全の面でも最も都合がよい。

そのような施設のない所では、自力で手配することとなる。自力での手配において問題となるのが、宿泊施設の規模である。アジアの地方都市において、30人程度の人数がまとまって泊まれる宿はそれほど多くない。場合によっては、その都市の最高級ホテルに宿泊せざるをえなくなる。そうなると、調査にかかる経費は定着調査よりも高くなるので、注意が必要である。

memo

■**移動**　移動手段に関しては、カウンターパートが大学などの研究機関の場合、そこのバスを貸してもらうことも可能である。もし、そのようなバスを借りられると、宿泊施設と同様、費用を安く抑えられるし、比較的融通の利く旅程を組むことができる。そのようなバスがない場合、やや費用はかさむが、ある程度の期間、運転手つきでバスをレンタルしてくれるところを探すことになる。アジアの主要都市には民間の旅行会社がいくつもあるので、探すのはそれほど困難なことではない。

## 1.3. 地図の購入

　広域調査において、特に準備すべきものとして地図がある。広域調査においては、後に述べるように自然環境から人文環境まで、さまざまな景観を観察する。したがって、絶対に必要なのが、回る範囲のできるだけ詳細な地図である。国単位の小縮尺の地図はもちろんであるが、A市近郊図といった大縮尺の地図もあったほうがよい。

　その際に、重要な点はなるべく等高線や土地利用図が入っている地図を見つけることである。後に述べるように、農業空間、特に水田などは、数十センチという標高差で灌漑水路の必要性の有無が変わることがあるからだ。このような地図は、日本国内で入手することは困難である。そこで、下見に行った時に、その国の首都の大書店や地元の都市で購入する必要がある。数は、参加者全員分の地図があれば言うことはないが、最低でも3～4人に1枚程度は持つべきであろう。

　ただし、大縮尺の地図は、国によっては軍事機密等の理由により市販されていない場合がある。そこで、国内の専門家やカウンターパートの先生に、どのような場所で地図を入手できるか、事前に問い合わせておいた方がよい。

memo

## 2. 広域調査の実施

広域調査が、ある程度の広さを踏査し、景観を観察する調査であることは、既に述べた通りである。本節では、その具体的なやり方について説明したい。

### 2.1. 景観の観察

広域調査の目的がある程度の広さを持つ地域を観察することである以上、調査の中心は移動中の景観の観察となる。ここで言う「景観」とは、人間が総体的に認知している地形や植生、水田など個々の要素の集合としての空間の広がりを指す。そこで、人文環境の影響を比較的受けていない地形や気候などを「自然環境」とし、人文環境の作用した新たな環境全体のことを「景観」とする。

調査を開始する上でまず行なうのは、その地域の景観の概略を把握することである。本研究会では、現地ないし国内の専門家の先生に、その地域の自然環境や歴史的な展開、主な景観の見方などについて、調査初期の段階（初日ないし2日目）でレクチャーをしていただいている。

その際に伺ったことを参考に、車の左右に見える景観を、各自観察していく。車内から景観を観察する中で、特に目に付く物を見つけた場合には、車から降りて詳しく観察する。

観察する対象は、植生などの自然環境から、水田の地割などの農業空間、家の新旧などの人文環境までさまざまなものがある。

■**自然環境**　自然環境において、調査すべき項目としては、気候・地形・土壌・植生などがある。

一口にアジアと言っても、日本の本州のような温帯湿潤気候から東南アジア島嶼部における熱帯雨林気候、西アジアにおける砂漠気候に至るまで、気温や降水量によってさまざまな気候区に分かれる。調査を始め

memo

写真3-2 南タイ・チャイヤーの遺跡。このあたりはまだ仏教・ヒンドゥー教の影響が強い。

る前提として、調査地における乾季・雨季の有無や年間平均気温などを調べておく必要がある。

　地域の自然環境を決定する上で、気候と並び重要となってくるのが地形である。たとえば、東南アジア大陸部の場合、地形は大陸山地・平原・デルタの3つに大きく分類できる。また水系では、紅河、メコン、チャオプラヤ、タンルウィン(サルウィン)、エヤワディ(イラワジ)に大きく分類され、支流によりさらに下位区分される。ある地域を広く把握する場合、このような地形や水系の知識を持っておくことは不可欠である。

　さらに、一村落について考える場合、より小さな地形の差異に着目す

memo

写真 3-3　水田の間に椰子が点在する。南タイ・チャイヤー付近。

る必要がある。たとえば、B村の東西には小高い丘があり、尾根沿いの小河川に沿って水田が、川の段丘上に屋敷地と畑地が広がっている。一方、B村から南に数キロ行ったC村は、2つの河川の合流地であり、合流地付近の微高地に屋敷地が密集し、その周辺に水田が広がっている。その際、B村とC村は非常に近接しているにもかかわらず、農業用地や集落の立地において、大きな差が生じることとなる。

　広域調査で主に観察するのは、主にこのようなミクロレベルでの地形の変化であり、気候などのマクロレベルでの変化は、事前の勉強会などで調べるべき項目であろう。(→第2章　調査の準備)

memo

土壌の観察は、次項で述べる農業空間との関係が非常に強い。その土地が肥沃であるか、保水力があるか、塩分をどの程度含んでいるかといった土壌条件は、栽培可能な農作物を決定する上で最も重要な要因の1つとなる。このような、土壌条件を判断する基準の1つに土壌の色がある。熱帯土壌の色は、肥沃な順に黒っぽい色から、赤、黄色、白と徐々に色が薄くなっていく。舗装された道路の上を移動している場合、道の両側の表土のみから土壌の色を見分けることは困難であるが、移動中にしばしば現れる崖などの土の色から判断することが可能である。

　植生の観察は、土壌や気候と密接に関連しており、その地域がどれだけ湿潤であるか、ないしは海岸線から離れているのかなどを知る上で重要となってくる。たとえば、東南アジアの植生で代表的なものの1つとされるマングローブは、冠水して塩分を含んだ土壌に好んで繁茂する。また、同じ椰子の中でも、湿地帯を好むニッパ椰子と乾燥に強いパルミラ椰子などの違いがある。

　以上に挙げたような自然環境の観察は、それぞれ独立して観察すべきではないし、できるものではない。また、微妙な高低や土壌の差から植生の差を判断することは初学のものにとって非常に難しい。そこで、本研究会では、農学の専門家などのレクチャーを受けながら自然環境の観察を行なっている。

■**農業空間**　自然環境に対する人間の働きかけは、主に農業を通じて展開される。近年のアジアにおける工業化や都市化の流れを考慮に入れたとしても、村落における生活の中心が農業であることは言うまでもない。なお、ここで言う農業とは、自給的な稲作のみならず、畑作や果樹栽培、牧畜、商業作物栽培などをすべて含むものである。

　農業空間において観察すべき第1の対象は、植えられている作物の種類とその比率である。その際注意すべき点は、その作物が自給作物であ

memo

るか商業作物であるかということである。たとえば、自給用の米を中心に栽培している村とゴムを栽培している村では、現金収入の額やそれに対する依存度が大きく異なってくる。また同じ野菜にしても、自給用として植えられ、余剰作物を地方の小市場に販売しているのと、商業用に大規模に生産を行なっているのとでは、その村ないし世帯の性格は全く異なってくる。もちろん、米や野菜など、自給用にも商業用にも栽培される作物がどちらの性格を持っているかを車の中から見分けることは容易ではない。その際の基準としては、地割や栽培面積といったものがある。

第2に、その農地が灌漑されているか否かという点である。特に水田の場合、必要な水を確保できるか否かという点が、栽培の可否や収量に大きく関わってくる。灌漑を重視するもう1つの理由が、灌漑水路の維持・管理の問題である。既に多くの書物や論文で研究されているように、灌漑水路の維持・管理は、村落における伝統的な共同体の存続や、近隣の村落との関係において非常に重要な条件となる。即ち、水田の水位の調整や、水路の整備などは、1軒の農家のみでできるものではなく、その水路を利用するすべての農家の協力が必要である。また、河川から村まで水路を引く場合、ある水路に供給する水量の調整は、灌漑をその河川に依存するすべての村落の問題となるのである。そこで、灌漑水路の観察においては、その有無のみならず、その取水地や共用している水田の広さなどにも注意する必要がある。

以上は伝統的な灌漑であるが、国家による近代的な灌漑農業が行なわれている地域もある。近代的な灌漑の場合、大規模かつ格子状などの整然と整えられた灌漑網を備えるなどの特徴を持つ。近代的な灌漑の場合、伝統的な灌漑地域に見られるような伝統的な共同体の存続は問題とならない。むしろ、灌漑事業に伴いどのような人々が灌漑地域に移住してきたのか、移住後の地縁的なコミュニティはどのように形成されているの

memo

写真 3-4 水田と鴨養殖の組み合わせ。近くに卵を加工する工場もある。

か、栽培作物は国家によって定められているのか否か、農薬の購入や作物の販売などの流通機構はどのように管理されているのかなどが問題となってくるだろう。

　第3に、自給的な水田が展開されていた場合は、裏作や二期作の有無などに注意する必要がある。いわゆる緑の革命以後、アジアにおける農村では二期作が急速に普及した。二期作の導入は、絶対的な収量の増加を促すなど、農村経済に対して非常に大きな影響を与えた。だが、すべての農村が二期作を行なっているわけではない。そこには、乾季における降水量や灌漑の有無など、さまざまな要因が絡んでくる。また、二期

memo

作が不可能な土地において渇きに強い雑穀などの裏作が行なわれているのか否かを調べることも、その村がどのくらい稲作に依存しているのかなどを知る上で重要な要因となる。

　第4に、商業的な作物が栽培されていた場合、その規模を調べることが重要である。たとえば、東南アジアの代表的な商品作物の1つであるゴムの場合、外資系の大規模プランテーションから、一家の農家が行なう小規模経営までさまざまな規模での栽培が行なわれている。このような規模の違いは、その地域の歴史的な背景や政府の政策などから強い影響を受けている。大規模なプランテーションの場合、ゴムのタッピング（樹液採取）に必要な労働力を近隣村落に依存しているのか、外来の移民に依存しているのか、また加工工場をどこに設置するのかで、近隣地域における社会的な環境も大きく異なってくる。そのため、ゴム農園を観察する際には、農園内における労働者の居住区画や、加工工場の立地などを観察する必要がある。小農経営の場合は、道端にゴムをシート状に伸ばして乾燥させていることが多いので、そういった判断基準の1つとなるだろう。

　以上のような農業空間は1回のみの調査で調べることは容易ではない。雨季や乾季、夏や冬など、農業空間は季節により大きく変化している。時季をずらして同じ地域を再訪し、季節による変化を観察することができれば、その地域の農業サイクルを知る上で、大きな収穫となるだろう。

■**人文環境**　人文環境において観察すべき点には、家屋、電気製品、移動手段、公共建造物などがある。これらのことはある地域や村落の生活水準や豊かさを大まかに知るためのものであり、詳細については次章以降で述べる定着調査によって、収入などを細かく調べていく必要がある。

　家屋の観察において重視すべき点は、家屋の構造、建材、屋根材の種類、新旧、大きさなどであろう。たとえば、木造ニッパ椰子葺きの高床

memo

写真 3-5　南タイ・パタニのモスク。徐々にムスリムの姿が目立つようになる。

式住居と、コンクリート造りトタン葺きの家屋では、その気候的な生活環境もさることながら、それが同じ地域に存在している場合、その家や村の収入の差を示していることが多い。たとえば非常に新しい家が建ち並ぶD村では、村落保護林運動が成功して政府による補助金が大量に流入したために、ここ数年で村の有力者たちが次々と自分の家を建て替えたかもしれない。もちろん補助金などの要因は聞き取りを行なっていく中でしかわからないことだが、ある地域におけるD村の経済的な位置はこのような家屋の観察により見えてくることが多い。

　電気製品や移動手段なども、上記の豊かさと関連している。家の中ま

memo

写真 3-6　パタニの林姑娘廟。モスクに近接して華人の廟が建つ。

で入らずに、車の中からその家に近代的製品がどの程度存在するのかを知る基準として、テレビのアンテナと車やバイクの数がある。近年では多くのアジアの国においてテレビが普及しており、一部地域では衛星放送のアンテナがある家なども見受けられる。そう考えると、テレビのアンテナが各家の豊かさを判断する基準とはなりにくくなりつつある。

　そこで、テレビのアンテナと並行して観察する項目として、各家庭の移動手段の調査が挙げられる。一般に個人で所有する移動手段は、自転車・バイク・軽トラック・自家用車であろう。このうちバイクに関しては、アジアの多くの村落でかなり普及してきているし、昼間の場合、バ

memo

イクを持っていないのか持っているけれども現在使用中なのかを見分けるのが困難である。これに対し自家用車の場合は、アジア地域全体で見た場合バイクほど普及していないし、保管のためのガレージを必要とするため、所有の有無を判断することも、そこからその地域の富裕度を図ることもできる。また、道路の対抗車両の数と車種を調べることで、地方中心都市と村落との関係の緊密性を知ることもできよう。

地域や村落の人文環境を把握する上で重要なもう1つの要因として、市場がある。市場では、その規模や売られているものを観察することで、近隣のどの程度の村から売り手や買い手が集まってきているのか、その地域の特産物あるいはその市場が地元向けなのか外向けなのかなど、多くの情報を得ることができる。

## 2.2. 都市における観察

都市における調査も広域調査の目的の1つである。都市は、その地域の中心地としての機能を果たしている場合が多い。都市においては、行政・商業の中心地や、博物館、宗教施設を見学する。

都市には、役所という地域行政の中心地と、ある程度広い地域を対象とする市場という商業的な中心地がある。都市全体の立地上、これらの施設がどのような関係にあるのかを知ることは、都市の性格や歴史的な背景を判断する上で重要となってくる。

博物館には、その地域の歴史的な展示物や民俗学的な収集品が展示されている。これらを観察し、首都における国立博物館や各地域の博物館との比較を通じ、その地域の歴史的な代表性を認識することが可能となる。

現在の日本において、社会における宗教施設の役割は次第に弱くなっている。しかし、タイの仏教徒にとっての仏教寺院や、ムスリムにとってのモスクは、信仰の中心としてのみならず、地域の中心としての役割

memo

写真 3-7 パタニの市場。多種多様な人々が行き交う。

を果たしている場合が多い。そのため、都市以外にある宗教施設の見学も重要である。

　これらの施設に入る場合には、ある程度の注意を払う必要がある。特に、観光化されていないような田舎の施設では、異教徒が自身の信仰の場に土足で入ることを好まない場合もある。見学する際には、仏寺や道観(道教の寺)であれば僧に、そのような専門職のないモスクの場合はそこにいる人に見学の許可を求める必要がある。

　そのような人物がいる場合には、その地域の歴史や社会などについて簡単なインタビューを行なうことで、地域に根ざした歴史や信仰につい

memo

写真3-8　南下するにつれて、大規模なゴム園が目立つようになる。

ての知識を深めることが可能である。また寺院で僧侶に話を伺う中でその寺の宝物庫を見学する機会を持てれば、どのような範囲の人々がその寺院に対して寄進を行なっているかなどを知ることができるであろう。

　このような施設の中には、既に使用されなくなって久しいもの、即ち遺跡がある。遺跡は、その地域の歴史的な社会・経済の中心地に残されていることが多い。遺跡が残されている地域と現在の地域中心地との位置関係を知ることは、歴史的な地域中心の移動を考察する助けとなろう。また、宗教施設の遺跡の場合、現在の宗教施設との違いを見ていく中で、その地域の人々の信仰や習俗の変化を知るきっかけが得られる。

memo

以上のように、景観とは、自然・農業・人文という各環境や都市という一見するとばらばらにも思えてしまうさまざまな要因の組み合わせの上に成り立っているのであり、それらを総体的に把握することこそが重要となってくるのである。

## 2.3. 聞き取り

広域調査では、以上のような単なる車中での景観観察以外に、移動中の道端で、あるいはいくつかの村で聞き取りを行なうことがある。

このような聞き取りの理由は、主に2つある。第1に、移動している車の中からの観察では、見落としてしまうことがたくさんあるからである。休憩を兼ねて道端で車を停め、道端に立って、地域の人と同じ目線で地域を観察し、そこに住む人の話を伺うことで、これまで気付かなかったさまざまなことを知るきっかけとなる。

第2に、幾人かの方に、実際に聞き取りをさせてもらうことで、その地域の理解に新たな視角を得られるからである。特に、広域調査中に、いくつかの村を訪ね、その村の方の話を伺うことで、移動中に感じていた疑問への解答を得られることも少なからずある。

ただし、このような聞き取り調査はデータ的に不十分であるため、あくまで地域を理解するための一助として用いるべきであり、資料として利用することには慎重さが求められる。

## 2.4. 記録

もちろん、前節にあげたそれぞれの景観をすべて網羅的に把握することは困難である。しかし、個人の関心に基づいた特定の事項だけに着目するのではなく、基本的に目に映るあらゆるものを観察することが、その地域を理解する上で重要である。

その際に大切なのが、記録のとり方である。どれだけ詳細に観察した

memo

としても、それが後で見てわかる形で残っていないと、他の地域との比較などができなくなってしまう。そこで、本研究会では景観の観察方法と並行して記録の取り方についてのレクチャーも行なっている。

広域調査における記録も、定着調査と同様、すべて野帖につける(図3-1)。その際に、記録した内容を後で地図と対応できるようにしておくということが重要である。たとえば、果樹園があったのは海岸沿いのEという地点だったのか、山沿いのFという地点だったのか、後で特定できなくてはならない。それには、事前のルート説明に基づき、車中で常に地図を参照することはもちろんだが、道路標識を利用して現在地を記録したり、それがない場合にはその地点を通過した時刻を記録しておき、車の速度や休憩地点までの距離などから大体の位置を計算したりする必要がある。

## 2.5. 「代表性」の把握

■**知識の共有**　集団調査の場合、広域調査においても調査参加者をいくつかの班に分けるとよい。これらの班は、調査班であると同時に生活班でもある(→第7章　調査環境)。毎日の行程の中で、各自ができるだけ網羅的に景観を観察しようとしていたとしても、実際にそれぞれが見ているものはかなり異なってくる。たとえば農業に関心のある者は道路の左右に植えられている作物や樹種について詳しく観察しているし、経済に関心のある者は対向車の数や道筋の家の新旧などを観察している。

本研究会では、毎日の調査終了後、調査経験を持つ班長を中心に、班ごとに各自の観察した景観や、そこから生じる問題点をディスカッションする。さらに、毎朝のバスの車中において各班での議論を紹介して、その問題点について話し合いを行なうことで、各自の持っている知識の共有をはかっている。

memo

**図 3-1 広域調査における野帖の例(スマトラ調査における参加者の野帖より、一部改変)**

3月11日(調査7日目)ジャンビ〜ブキティンギ(抜粋)

| 時刻 | 内容 |
|---|---|
| 7:25 | Jambi を出発、町を離れた丘の上に華人の墓地が見える。<br>スマトラ島は全体として華人の数は多くないが、Jambi は、スマトラの中では華人の人口の多い都市である。本調査中、他にも数ヶ所で華人の墓地を見たが、いずれも都市の街並みが途切れるあたりに存在していた。 |
| 7:45 | 家が途切れる。 |
| 7:50 | 川を渡る。道路は盛り土がしてある。片側一車線の道路が続く。 |
| 7:55 | 真っ直ぐな道。バスが横転している。 |
| 8:03 | 森林を伐採した痕がある。 |
| 8:29 | 川を渡る。 |
| 8:35 | 集落景観。家屋は、土間で、盛り土はなし。小ゴム園がある。Jambi から 48km。建築中の家がある。パラボラアンテナ(比較的大きいもの)がついている。庭に果樹を植え、囲いのない家が多い中で、数軒だけ庭を完全に塀で囲った家がある。 |
| 8:40 | 煉瓦工場がある。<br>建築関係の材料を売る店(瓦工場・製材所など)は他にも多数見られる。 |
| 8:47 | 学校。 |
| 8:55 | 牛の放牧をしている。 |
| 8:56 | 川沿い。バナナ・キャッサバが多い。 |
| 9:02 | 煉瓦を積んだトラックとすれ違う。 |
| 9:08 | 集落、土間と高床が混在。高床の家の下には、薪にするような木が積み上げてある。 |
| 9:15 | 川沿いで休憩。川の様子を観察。川のカーブの内側の崖は 3m ほど、外側の崖は 7〜8m ほど。流れの速度は、調査第6日目(3月10日)に船で Hari 川の下流を下った時よりも早いように思われる。横の家では、ニワトリを飼っている。 |
| 9:25 | 集落、人通り多い。学校、パサール(市場)あり。布地や食品、鉄屑などを売っている。 |
| 9:37 | 道路は川沿いの段丘の上を走る。道路の下を通って時折支流がそそぎ込む。支流は細いが、岸は高い。 |
| 9:48 | 右側は湿地で、水田となっている。水田には水牛がいる。牛車は見当たらず、恐らく水牛の脚で耕す蹄耕を行なっているのであろう。 |
| 10:00 | 山を上がる。 |
| 10:20 | 家5軒ほどの小集落。油ヤシの林の中に存在。 |
| 10:35 | それほど整備されているわけでもないゴム園に鉄条網が張られている。<br>近辺に、整備されていないジャングル化したゴム園(恐らく小農のもの)は多数あるが、鉄条網で囲っているのは珍しい。 |
| 10:46 | 休憩。バスを降り、道沿いのプランテーションではないゴム園を観察。樹液を採取している痕がある。 |
| 10:50 | 丘の上の油ヤシのプランテーション跡を観察。自然破壊、相当なはげ山の風景である。 |
| 11:05 | トタン屋根、土間、コンクリート壁の同型住宅が二十数軒もある。トランスミグラシ政策によって移住させられた人々の住宅らしい。電線はこの住宅にも通っている。 |
| 11:19 | 雨が降り出す(比較的すぐに止む)。 |
| 11:26 | 山道にもかかわらず、道沿いには電線が通っている。電柱を、金属のパイプ状のものから、コンクリート製のものへ取り替える用意をしている。また、電線の張り替えの用意もしている。 |
| 11:50 | 放棄されたゴム園がある。 |
| 12:15 | Muarabungo の街へ出る。 |
| 12:55〜14:01 | 昼食休憩。 |

■「代表性」の把握　本研究会では、日常的な議論とは別に、調査中に数回、そして調査最終日に全体でのミーティングを行なうことにしている。各参加者の専門領域の知識も利用したミーティングは、より広い角度から調査で踏査した各地域を相対化するために必ず行なわなければならない過程である。

　たとえば、北タイのチェンマイ近郊のG村の代表性を認識する場合、バンコクを中心とする中部タイから北タイ地域へ移動していく際の変化というある程度広い地域における差異について論じることから始まり、北タイの中におけるチェンマイ盆地の特徴、さらにはチェンマイ盆地の中でのG村と隣のH村の違いを議論するという形で、徐々により狭い地域での差異を考察していく必要がある。

　もちろん、ある村という視点から、徐々により広い地域の特徴を理解していくという議論の流れもあり、実際には両方の流れの中を左右しながら議論を行なっている。さまざまな専門を持つ参加者の意見を交えることにより、これまで個々人や調査の各日程で認識していた景観を、より大きな枠組みの中で位置づけることができる。

　このようなミーティングは、その地域を代表する、あるテーマを発見するためのものでもあり、この後で行なわれるであろう調査地の選定ということも考えながら行なう必要がある。即ち、ある地域を代表するものとして調査村は選ばれるべきであり、もしさまざまな理由により事前に調査村が決まっている場合には、その村がいかにその地域を代表しているのかを調査者全員が認識することこそがミーティングの目的となる。

　知識の共有とより広い全体での議論を経て、その地域の中のある村の「代表性」を見出すことが、広域調査を行なう意義と言えよう。（東條哲郎）

memo

# 第 4 章
# 測 量

## 1. 測量の目的と方法
### 1.1. 測量の目的
　アジア農村研究会の調査において測量を行なってきた目的は2つある。第1は、アジアにおいては調査地の地図が完備していない、あるいは入手困難な場合が多いために、調査対象地の地図を作製して戸別訪問用のハウスナンバーをふるという実用的目的である。第2は、測量を通じて調査地を徹底的に観察することにより、調査者自身が調査地の住民と視点を共有するという目的である。これによって、調査者は調査の初期の段階において調査地の環境を身体的に把握することが可能になり、その経験は聞き取り調査においても重要な意味を持つ（→第1章　フィールドワークの方法論）。近年、衛星画像解析技術の発達は著しく、詳細な地理データが提供されるようになってきており、調査における測量の目的は後者に重点が置かれている。

　本章では、測量の基礎的な技術を具体的に説明する。以下に説明する方法で測量を実施する場合、標準的には最低2〜3人の人員を必要とする。また、調査地の広さにもよるが、ある程度詳細な地図を作成するには最低でも数日はかかる。現実の調査においては、必ずしもそのような人的・時間的余裕に恵まれるとは限らないであろう。しかしそうした場合でも、以下に述べる三角測量の原則さえ理解しておけば、これを応用して簡略化した測量を実施することは可能である。

### 1.2. 測量の方法
　本研究会は簡便な地図を作製し、等高線を記入するために、主として

memo

水平測量と水準測量を行なってきた。水平測量とは、文字通り上空から俯瞰した形での平面図を作成するためのものであり、水準測量とは、地形の高低差を測定し、平面図に等高線を記入するためのものである。

■**水平測量**　水平測量は地表上の離れた諸点の位置を精確に定めようとするもので、最終的に諸点を地図上に落とすために行なう。本研究会では三角法の理論を用いる三角測量を行なっている。調査では、短期間に簡便な地図を作製する必要があるため、基本的に三角形の一辺の実長を精確に測定し、その他は角測定をすることにより、二角夾辺の原理から、平面上の位置を決定する方法を用いる。

　実際の測量では、最初に基準点($O_1$)を設置してGPS(Global Positioning System：汎地球測位システム[1])によってその位置(緯度・経度)を確定した後、$O_2$、$O_3$…というように基準線を延ばしていく。基本的に測量の便宜上、基準線は調査地の主要な道路上に設定することが多い。また、本来は測量する範囲内に基準点を多数設置することが望ましいが、調査時間が限定されているため、基準点の設置は最小限に止める。

　基準線を確定した後、基準点($O_1$、$O_2$…)から諸点($P_1$、$P_2$…)への角度を測定して諸点($P_1$、$P_2$…)の位置を二辺夾角の原理で確定する。その際に、誤差の最小にするために、$\angle O_x P_y O_{x+1}$…の角度はできるだけ90°に近くなるように測定する。諸点とされるものとしては建造物などが多いが、目視による測量であるため、$O_x P_y$間の距離は可能な限り100m以内になるようにする(→**図4-1**)。

　また、目視による測量を行なう場合、必ず誤差などが生じるため、そ

---

[1]　人工衛星を用いて地球上の位置を測定するシステム。カーナビなどに使用されている。

memo

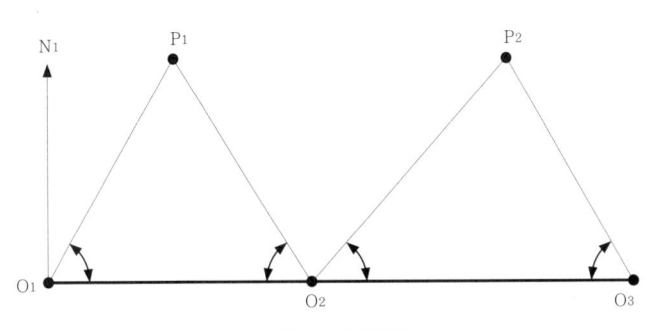

図 4-1 三角測量(1)

の補正が必要となる。しかし、基準点を多数設置できないため、図 4-2 に見られるように、測量は調査対象地域を囲い込む形で基準線を延ばしていく方式で行ない、最終的に最後の基準線が基準点の $O_1$ に戻ってくるように実施することが望ましい。そこで、実際の調査では可能な限り調査地の外周の道路を利用して調査地(集落など)を一周しながら測量する形をとる。

水平測量用の機材としては、主としてポケットコンパス、巻尺、標尺、水準器を使用する。

ポケットコンパスは望遠鏡と目盛盤のついた方位磁針を備えた測角器であり、三脚に固定して使用する(**写真 4-1 4-2**)。軽量であるために設置は容易であるが、衝撃などに弱いため、測定の際には安定した場所に設置し、望遠鏡を回転させる際などに測量者が三脚などに触れないように細心の注意を払う必要がある。測量に際してはポケットコンパスを設置した位置から目標までの角度を、真北を 0°として時計回りに何度であったかを目盛盤から読み取り、測定する。たとえば**図 4-1** の場合 $O_1$ から $P_1$ の角度を求める場合、$O_1$ から見て $N_1$ が真北とすると、∠$N_1O_1$

memo

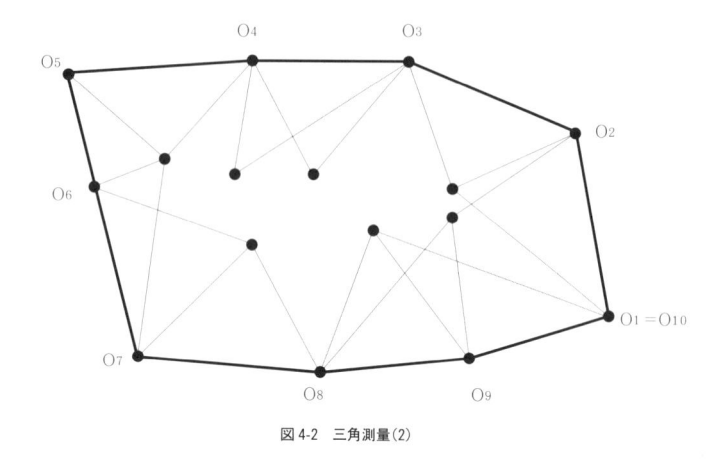

図 4-2 三角測量(2)

$P_1$ の角度を求めることになり、$O_1$ にポケットコンパスを置いて望遠鏡を $P_1$ に向け、目盛盤の磁針を読み取る形になる。

基準線の距離の測定に関してはガラス繊維製の巻尺を使用する。主に50mのものを用い、場合によって100m のものを使用する。測定の際には誤差を減らすために巻尺は相当の張力を必要とするため、両端をかなり強く引っ張って測定する。目視による測定であり、また巻尺の張力不足による誤差を最小にするため、基準線の長さについては通常は 50 m以下に抑える。

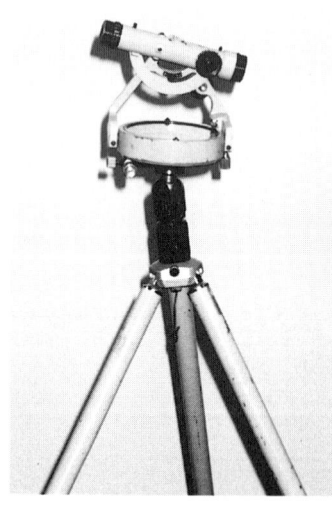

基準となる諸点の目印としては、標尺を使用する。標尺は目盛りのついた棒状の検測器で、本研究会ではアルミ製で伸縮構造となっている 2 mの標尺を使用している。水準器を利用することによって標尺が鉛直方向に固定されているのを確認してからポケットコンパスの望遠鏡を標尺に向け、磁針を読み取る。

写真4-1 ポケットコンパス。方位磁針の上に、可動式の望遠鏡が取り付けられたもので、三脚で水平に固定して使用する。望遠鏡を目標の方向に向けて方位を測定する。

第4章 測 量

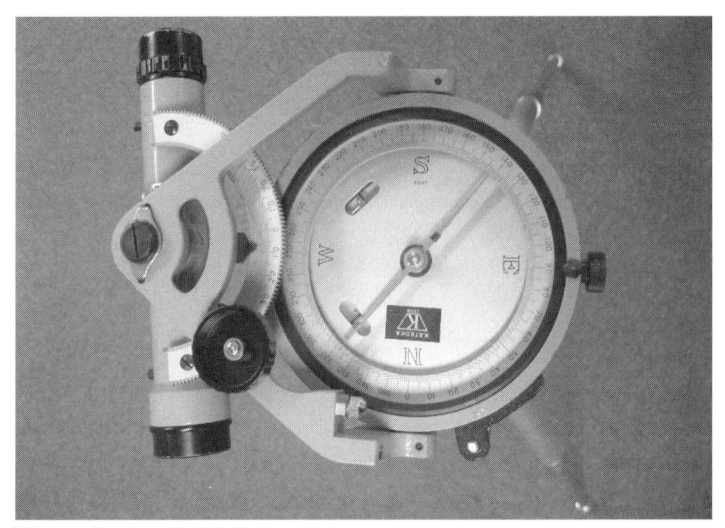

写真4-2 ポケットコンパスの目盛り。2つの水玉が中央にあっていれば、水平が保たれたことになる。なお、針金が巻かれていない方の磁針の指す目盛りを読みとる。

写真4-3 標尺を使って角度と距離を測定しているところ。写真手前にはポケットコンパスが設置されており、標尺の方向を向いて角度を測定している。同時に、巻尺を使って距離も測定している。

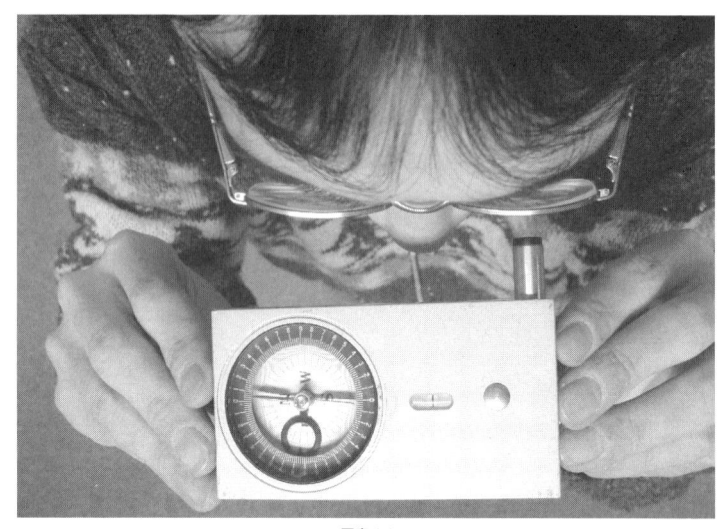

写真 4-4

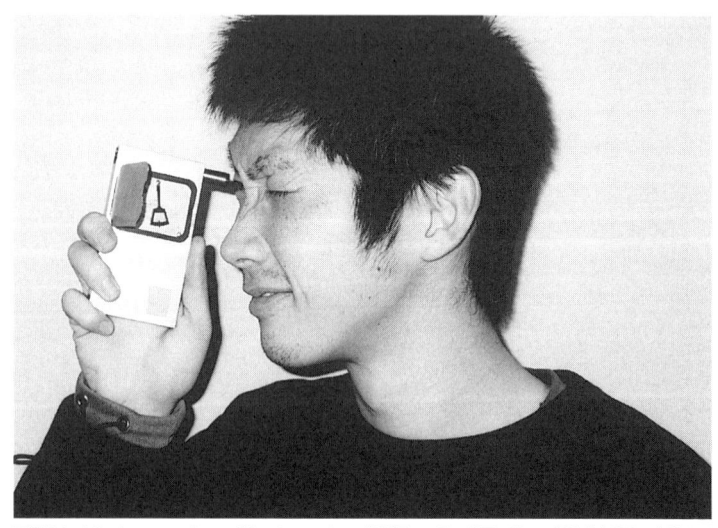

写真 4-4　4-5　クリノメーター。ポケットコンパスの簡易版で、手で水平に持って望遠鏡を覗き、方位を測定する。裏側には仰角を測定するための目盛りも付いている。

上記の水平測量には最低でも2人以上の人員を要する。単独で水平測量を行なう場合は、クリノメーター[2]と呼ばれるポケットコンパスの簡易版と、デジタルメジャー[3]ないし歩測[4]を利用することで、原理的には同じことを行なうことができる。ただし、これらの機器はポケットコンパスを使用した上記の方法に比べて精度が低く、精確な地図作製には相当の技量を必要とするため、初心者向きではない。しかし、ごく簡便な地図を作成する程度であれば、十分有用である。

■**水準測量** 水準測量は諸点間の高低差を測定する測量であるが、本研究会では直接水準測量の方法をとり、標尺を用いて高低差（比高）を直接求

写真 4-6 デジタルメジャー。車輪の脇にカウンターが付いており、転がして歩くことで距離を測定できる。別名「ゴロゴロ」。

める。**図 4-3** で言えば、aとbを測定してa－bによって高低差を測定する。基本的に後視（既知の点、**図 4-3** ではOx）の標尺を先に読み、そ

---

[2] 磁針と水準器、傾斜を測定するための振り子から構成される携帯用の測量器具。手のひらに収まるサイズであるため、簡易測量に用いられる（**写真 4-4　4-5**）。
[3] 歩きながら車輪を回転させることによって長さを測る距離測定器（**写真 4-6**）。
[4] 文字通り、自分の歩幅を使って距離を測定する方法。あらかじめ自分の歩幅を測っておき、これと歩数をかけることで距離を算出する。精度は低いので、何度か繰り返し測定するとよい。

memo

の後、前視（未知の点、図 4-3 では $O_{x+1}$）の標尺を読み取った。図 4-3 の場合なら、a が 180cm、b が 80cm とすると、$O_x$ と $O_{x+1}$ の高低差は 100cm ということになる。

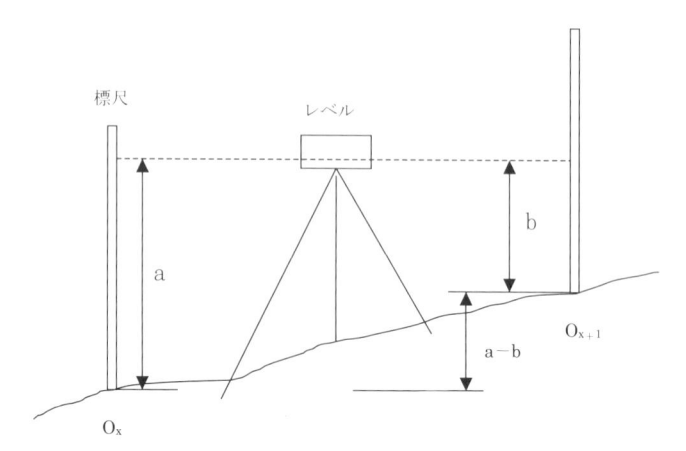

図 4-3　水準測量

写真 4-7　精密レベル。ポケットコンパス同様、可動式の望遠鏡を三脚で水平を保つよう設置する。ポケットコンパスよりも精確に水平を維持できるため、高低差の測定に用いる。

水準測量の機材としては精密レベル(水準儀)と標尺を使用する。精密レベルは望遠鏡と気泡管を備えている測角器械である(**写真 4-7**)。三脚を固定した上で、気泡管を利用して視準線が水平を保つようにし、対物レンズで標尺の目盛りを読み取る。なお、この際も水平測量と同様に標尺が鉛直方向に固定されているのを確認してから精密レベルで目盛りを読み取る。

■**記録と製図**　測量の記録は、基本的にポケットコンパス、精密レベル、巻尺などの目盛りを測量者が読み上げ、そのデータを参加者全員が、野帖に記入していく形をとる。図 4-4 に見られるように、具体的には野帖の見開きの左側に絵地図を書き、基準点や測定した点、簡単な地形につ

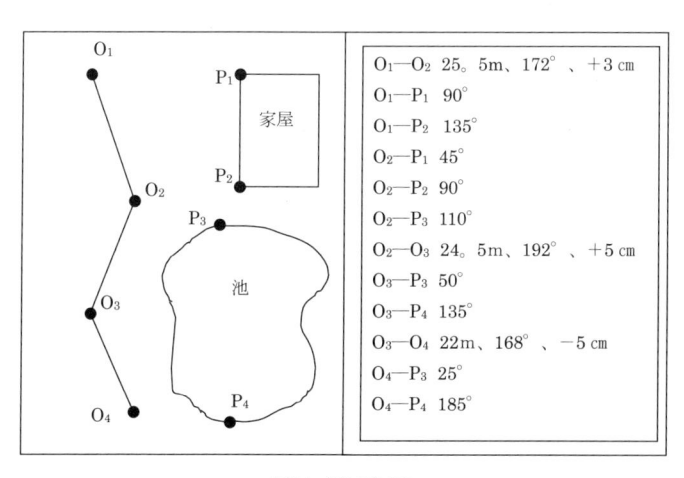

| | |
|---|---|
| (絵地図：$O_1$, $O_2$, $O_3$, $O_4$ の測点と $P_1$, $P_2$ の家屋、$P_3$, $P_4$ の池) | $O_1$—$O_2$　25.5m、172°、$+3$ cm<br>$O_1$—$P_1$　90°<br>$O_1$—$P_2$　135°<br>$O_2$—$P_1$　45°<br>$O_2$—$P_2$　90°<br>$O_2$—$P_3$　110°<br>$O_2$—$O_3$　24.5m、192°、$+5$ cm<br>$O_3$—$P_3$　50°<br>$O_3$—$P_4$　135°<br>$O_3$—$O_4$　22m、168°、$-5$ cm<br>$O_4$—$P_3$　25°<br>$O_4$—$P_4$　185° |

図 4-4　野帖の書き方

memo

いて、具体的に書き込む。右側には、基準点相互($O_x$―$O_{x+1}$…)の距離と角度および高低差、基準点から諸点($O_x$―$P_x$…)への角度を記入していく。

地図の作製については、測量時の記憶が鮮明な測量実施当日に行なうようにする。基本的には500分の1の縮尺で1mm目の方眼紙を利用して製図を行なう。製図を仕上げた段階で、最初に決めた基準点と最後に到達した基準点(図4-2で言えば$O_1$と$O_{10}$)の位置がずれており、修正が必要なことが多い。修正については、明確なミスによる修正がない限り、修正すべき距離や角度のずれを全体で均等に解消するようにする。たとえば、最終的に地図上で1cmのズレがあり、地図上の基準線の長さの合計が100cmであった場合、基準線1cmあたり0.1mmの誤差が出たとして修正する。また、明確な測量ミスが判明した場合、再度の測量を行なう場合もある。

## 2. 測量実習と本調査
### 2.1. 測量実習

アジア農村研究会が行なってきた測量は基礎的な測量であり、高度の技術を要する訳ではない。しかし、調査地において測量の時間は限定されているため、事前に一定の技術を習得する必要がある。そのため、調査参加者およびその他の希望者を対象にして、調査の1ヵ月程度前に測量実習を行なってきた。実習地はやや広範囲の測量実習としては東京大学大学院理学系研究科付属植物園(小石川植物園)、建造物の測量実習の際には東京大学懐徳館(旧総長公邸)などを利用した。

日中は主として水平測量を行ない、その後書き留めたデータをもとにして各人が地図を作製し、それを相互に確認するという方式をとった。台湾調査の準備以降は、水準測量の実習もあわせて行なうようになり、東京大学構内の傾斜地などを利用した。

memo

## 2.2. 本調査における測量

　当研究会では中央タイ調査（1994年）以来、測量を行なってきたが、本稿では筆者が参加し、最も丁寧に測量を行なった台湾調査（1996年）の事例を取り上げたい。

　1996年3月6日午後、調査団は台湾桃園県復興郷霞雲村を初めて訪れたが、その際に村内を一周して、基準点の位置や測量を行なう範囲、測量の経路（基準線）などの測量計画を決定した。翌3月7日には、中央大学において、台湾側の学生と現地で合流した日本側学生に対して測量の原理と測量器具および測量計画の説明を行なった。

　現地での測量は3段階に分けて行なわれた。第1段階は、3月8日、9日の2日間にわたり、調査団全員で測量を行なった。班は数名からなる6班編制で、村落のハウスナンバー確定用の絵地図作成班、水平測量班3班、水準測量班2班に分かれ、霞雲村の中心部である霞雲台地の集落とその周辺部分の水平・水準測量を行なった。水平・水準測量は村落の周囲の道路を分担して一周する形で行なわれた。台湾側の学生も水準測量班等に参加し、協力して測量を行なうことができた。

　第2段階は、3月11日の午後に、3班を編成して、霞雲村の分村である、佳志、志継、庫志、金暖の各集落の集落部分の簡単な水平測量を行なった。

　第3段階は、最終的な地図作成上の補正作業のために、3月14日、15日の両日にわたって、1班で霞雲台地の最終的な測量を行なった。

　以上の過程を通じて、霞雲村のすべての住居の測量を行なった。また、測量後は中央大学の招待所においてその日のうちに製図を行なった。

　上記の測量により、各集落について縮尺500分の1の地図を作製し、霞雲台地については等高線を入れた。

　測量面の課題としては、水準測量が不十分に終わり、また現地村落の正確な標高の測定ができなかったことが残された。これらは、時間と機

memo

写真 4-8　実際の測量風景（台湾調査）

材の限定されている調査実習においてはやむをえないことと考えられる。
　上記の測量の結果については、3月17日、中央大学における報告会において簡単に報告した。また、帰国後、図面の清書をし、報告書に掲載した（→図 4-5）。

　以上のように、本研究会の調査では、測量計画を立てた上で、現地調査の初期段階で全参加者による測量を行ない、その後は聞き取り調査の間隙を縫って少人数による測量を行ない、不足したデータを補充して地図を作製する形をとった。

memo

最初に述べたように、測量の目的は精確な地図を作製することよりも調査地の観察にあるから、調査全体の中で時間と労力を要する測量のバランスを考慮することが必要である。慣れない気候の中での日中の測量は体力を消耗するので、健康管理にも注意がいる。また、調査地によっては広範囲に家屋が散在する散村で、短期間の測量が困難な場合もある。こうした地域については、下見や測量計画の段階で測量の果たす役割をあらかじめ考慮することが求められる。（村上衛）

memo

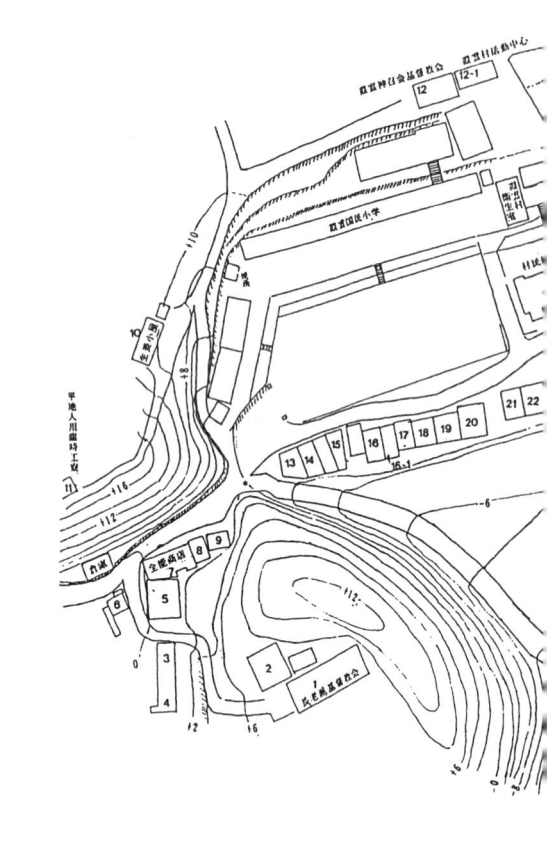

図 4-5　台湾調査で作成した地図（霞雲台地）

バーベキュー場

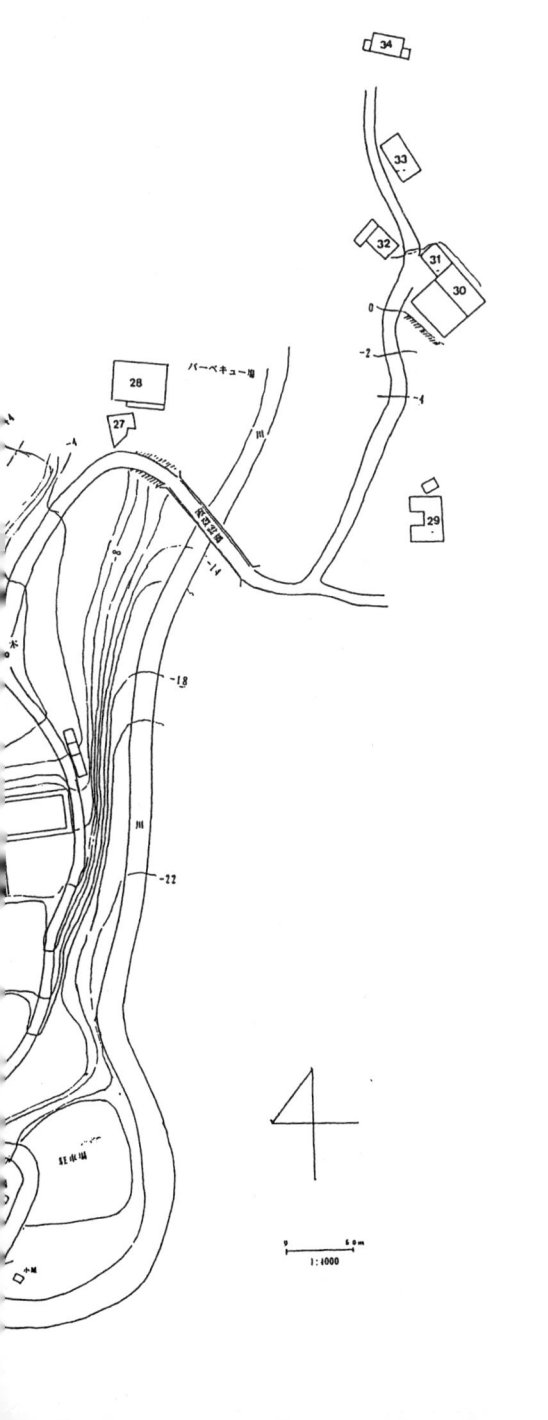

駐車場

1:1000

# 第 5 章
# 調査票の作成と活用

　調査票は、インタビューを通じたデータ収集の基本ツールであり、調査の内容と方向性を具体化・定型化していく基準でもある。この点は、アジア農村研究会の地域調査においても、一般の社会調査や経済調査の場合と異なるところはない。また、とりわけ、基礎調査で用いる調査票は、外見上、社会調査の際に使われる質問紙(アンケート)形式のものときわめてよく似ている。しかしながら、質問紙式の社会調査が明示的かつ定式化されたテーマと作業仮説の設定を第1段階とするのに対して、基礎調査の主旨は、前述(第1章)のとおり、まず何よりも「当該地域の総体的・全面的把握」と「テーマの発見」にある。それゆえ、基礎調査のための調査票を作成するにあたっては、通常の社会調査のための質問紙の作成とはかなり違った方法的立場と留意点が必要になってくる。

## 1. 調査票作成の方法
### 1.1. 調査項目と調査表の設計
　平均的な社会調査用質問紙では、調査項目は、個人の属性に関する項目群＝フェイスシート(face sheet)と、具体的な調査テーマに関する項目群から構成される。フェイスシートには性別、年齢、学歴、職業、収入、婚姻形態、居住形態などが含まれ、分析の際に回答者を区分けする指標となる。一方、基礎調査の調査票では、そうした個人に関する項目群は、対象地域のすべての人々の履歴について可能な限り網羅的にデータ化することを目的としており、したがって項目の数も非常に多い。これに家族単位の生活および行動に関する項目群が加わって、基礎調査用の調査項目の中核をなす。

memo

つまり、質問紙式社会調査の調査項目が、諸個人の属性、行動、態度、意識の相関を統計的に把捉すべく選定・配置されるのに対し、基礎調査の項目編成は、調査地に暮らす1人1人の個人、1つ1つの家族の「分厚い記述」を積み重ねて、その地域の人文社会的全体像を浮かび上がらせることに主眼を置くのである。

　それゆえ、基礎調査の「インタビュー」も、質問紙式社会調査の「質問」とは性格をかなり異にする。統計学的確度が求められる質問紙式社会調査の場合、調査項目の配列構造と質問文の構成は注意深く設計され、質問者は「機械的」な正確さで各項目を順次「正しく」質問せねばならない。だが、基礎調査の場合、いわば「雑談」をしながら、質問項目についてインフォーマントから「具体的に教えてもらう」という立場をとる。調査票自体は質問項目の「チェックリスト」にすぎず、項目をどう並べ、どういう順番でどういう聞き方をするかは、さして重要ではない。回答者が回答の内容を限定しにくい曖昧な表現や、1つの質問が複数の論点を帯びてしまう、いわゆる「ダブルバーレル質問（double-barreled question）」[5] に陥らないよう、明晰かつ簡潔な言葉で各項目を文章化し、トピックごとに（調査者側にとって）わかりやすく整理・配列してあれば、ワーディングの「戦略」にはあまり気を遣わなくてもよいだろう。

---

[5]「曖昧な表現」とは、たとえば、「初めて自分の家を建てた時、どんな感じでしたか？」といった表現を指す。「ダブルバーレル質問」には2種類ある。1つは、たとえば「あなたは自衛隊の海外任務やイラク派兵に賛成ですか、反対ですか」といったように、質問中に回答を求める事項が複数出現する質問である。自衛隊の海外任務には賛成だが、イラク戦争には反対、という人からは明確な答えが得にくい。いま1つは、たとえば転居歴を尋ねる時、「あなたは修学・就職などで村外に住んだことがありますか」と尋ねるような、1つの問いの中に修飾関係・因果関係が含まれてしまう質問である。他の理由で1度村外に出た人は「いいえ」と答えるかもしれない。このほか、聞き取り調査で回避すべき語彙レベルの用語として、〈価値判断を含んだ用語〉〈ステレオタイプ化した用語〉などがある。
memo

## 1.2. 基本的な調査項目

　アジア農村研究会の基礎調査用項目の原型は、ベトナム北部ナムディン省の農村調査のために作成された項目リストである。ただし、このリストは数年間にわたる継続的な調査を前提としたものなので、調査期間が短いと、全項目の聞き取りを行なうことは非常に難しい。また、ベトナム北部の農村社会を対象にして作られたリストであるから、他の地域には適合しない項目も少なくない。そこで、毎回、調査地や調査期間に合わせて、項目の縮減と内容上の調整を行なっている（→図 5-1）。

　以下、〈個人〉および〈家族〉の両項目群について、最小限どの地域にも共通すると思われる枢要なトピックを列挙し、〈調整〉の問題も含めた簡単な説明を付しておく。

■**個人レベルの項目群**　インタビューの相手はふつう家族の中の1人ないし数人であるが、個人レベルの項目群に関しては、回答者本人だけでなく、少なくとも同居する家族全員のデータを集めるようにする。可能なかぎり多数の住民を対象に次のようなトピックを聞き取っていくことで、個人の層位において表れた地域像の全体的な輪郭は、相当程度イメージできるはずである。

　❶氏名・性別・出生年月日・家族関係・現住所：質問紙式社会調査の場合、ふつう回答者の氏名は尋ねないが、アジア農村研究会の基礎調査では、家族メンバー相互の関係や地域（村）内の親族関係を聞く糸口にする意味もあって、全員の氏名を尋ねることにしている（特に中国・台湾・韓国・ベトナムなどでは氏名から親族関係を類推しうる場合も少なくない）。当然、調査成果の公表の際には氏名は明記しない。年齢は、地域によって数え年、満年齢など数え方が異なるので、「何歳か」ではなく「何年（何月何日）生まれか」を問う。現住所は「実際の住所」と「登記

memo

図 5-1　調査票の例①──ペナン調査における調査票（個人レベルの項目群を一部抜粋）

```
0     ハウスナンバー
1     日付
2     インタビュアー名
3     インフォーマント名
4-1   家族の名前「家族の名前は何ですか」
4-2   戸主との関係「その人と戸主とはどのような関係ですか」
4-3   性別「その人の性別は何ですか」
4-4   住所「その人はどこに住んでいますか」
5-1   生年「その人は何年生まれですか」(西暦年)
5-2   出生地「その人はどこで生まれましたか」
6-1   最終学歴「その人の最終学歴は何ですか」
6-2   場所「その学校はどこにありますか」
6-3   卒業年「その学校をいつ卒業しましたか」(西暦年)
6-4   通学年「何年間教育を受けましたか」
7-0   結婚歴「結婚しましたか」
7-1   結婚年「いつ結婚しましたか」
7-2   結婚地「どこで結婚しましたか」
8-1   配偶者名「配偶者の名前は何ですか」
8-2   生年「その人は何年生まれですか」(西暦年)
8-3   出生地「その人はどこで生まれましたか」
8-4   職業「その人の職業は何ですか」
8-5   住所「その人はどこにすんでいますか」
8-6   死別年「その人とは何年に死別しましたか」(西暦年)
8-7   死別地「その人とはどこで死別しましたか」
9     離婚年「いつ離婚しましたか」(西暦年)
10-1  再婚年「いつ再婚しましたか」(西暦年)
10-2  再婚地「どこで再婚しましたか」
10-3  再婚相手「再婚相手の名前は何ですか」
10-4  生年「その人は何年生まれですか」(西暦年)
10-5  出生地「その人はどこで生まれましたか」
10-6  職業「その人の職業は何ですか」
10-7  住所「その人はどこにすんでいますか」
11-1  職業「職業は何ですか」
11-2  就業年「いつその仕事につきましたか」(西暦年)
11-3  役職「役職は何ですか」
11-4  場所「職場はどこですか」
11-5  年収「年収はいくらですか」
```

memo

**図 5-2　調査票の例②——スランゴル調査における調査票（家族レベルの項目群を一部改変のうえ抜粋）**

```
1      農業をしていますか　Y/N
2      主な従事者は誰ですか
3-1    家族以外の人を雇用していますか　Y/N
3-2-1  (もし雇用している場合)何人雇用していますか
3-2-2  (もし雇用している場合)いつからいつまで雇用していますか
3-2-3  (もし雇用している場合)雇用者をどのようにして探しますか
3-2-4  (もし雇用している場合)給料はいくらですか
4-1    農地はどこにありますか
4-2    土地の面積はどのくらいですか
4-3    その土地は自分の土地ですか、借りた土地ですか
4-4-1  (購入の場合)その土地はいつ手に入れましたか
4-4-2  (購入の場合)いくらで買いましたか
4-4-3  (購入の場合)誰から買いましたか
4-4-4  (購入の場合)買ったきっかけは何ですか
4-5-1  (借り入れの場合)いつから借りていますか
4-5-2  (借り入れの場合)いつまで借りる予定ですか
4-5-3  (借り入れの場合)借地料はいくらですか
4-5-4  (借り入れの場合)誰から借りていますか
4-5-5  (借り入れの場合)借りたきっかけはなんですか
5-1    どんな作物を作っていますか
5-2    その作物を作り始めたのはいつですか
5-3    その作物を作り始めたきっかけは何ですか
5-4    作付面積はどのくらいですか
5-5    収穫量はどのくらいですか
5-6    そのうち販売する量はどのくらいですか
5-7    販売額はいくらですか
5-8    どこに出荷しますか
5-9    コスト(肥料代など)はいくらですか
```

した住所」の両方を尋ねる。

❷使用言語：アジア社会の多くは「多言語性」が非常に強い。日常言語(たとえばインドネシアのジャワ語やスンダ語、中国南部の広東語や福建語)と国家言語(たとえばインドネシア語、標準中国語)との二重構造は言うにおよばず、公用語・通用語(たとえば香港・マレーシアの英語、東南アジア華人にとっての標準中国語)、その地方の有力言語など、

memo

さまざまな言語が重層的に使用される状況も広く見て取れる。

　よって、1)「母語」、2)「習得した言語」、3)「どこで、どのように習得したか」を問うことは、すなわち、言語にもとづく地域社会の編成を問うことにほかならない。とりわけ、マレーシアなどのいわゆる「複合社会」や、中国南部・台湾などのように言語（方言）上の差異が地域内のエスニシティの重要な標識をなす社会においては、地域的なエスニック関係の構造と動態を知る上でも、また、国家の統合政策やグローバリゼーションがもたらす「アイデンティティの政治」のローカルな文脈を知る上でも、1つの糸口になるだろう。

　❸転居歴・移住歴：人々の地理的＝社会的な移動の履歴を示す転居歴・移住歴は、その村落ないし区域の成り立ちと動態を〈空間〉の面から具体的にとらえるための重要なトピックだと言える。

　基本的な質問項目は、1)「出生地／転居の有無」（＝現住地の生まれか／他から移住して来たのか／住居を移したことがあるか）、2)「転居・移住の年」、3)「転居・移住先」、4)「転居・移住の理由」などである。

　❹学歴：学歴は、各人の教育・文化程度を示すと同時に、公教育について言えば、使用言語と同じく、「国家」の地域に対する影響力・浸透度などをも映し出す。

　基本的な質問項目は、1)「場所」、2)「学校名」、3)「種類」、4)「入学年」、5)「修業年限」、6)「卒業の有無・卒業年」、7)「最終学歴」などである。

　なお、公教育のみならず、各種の課外学校に関しても可能なかぎり聞き取りを行なったほうがよい。公教育以外の教育へのアクセスは、地域社会の動態にしばしば少なからざる影響を及ぼすからである。たとえば、〈職業技能を教える技術学校〉、〈英語などを教える語学学校〉、〈東南アジアの華人社会における中国語学校〉、〈イスラーム地域における宗教学校〉などの例が挙げられよう。

memo

❺職歴：各人の生業・職業生活の経歴は、転居歴・移住歴と並んで、地域住民の地理的＝社会的な移動の構造・性質・変化を端的に示す指標であり、また当該地域社会の特に経済生活面の通時的動態を見通す手がかりにもなる。

基本的な質問項目は、1)「職種」、2)「雇用形態」、3)「就業地」、4)「職場／地位」、5)「始めた年」、6)「始めたきっかけ・紹介者等」、7)「やめた年」、8)「やめた理由」、9)「収入」などである。調査の期間に余裕がある時は、A)「給与労働」、B)「自営商業」、C)「自営工業」、D)「季節労働(出稼ぎ)」のように職種をあらかじめ分類して、それぞれ細かく項目を設定してもよい。

職歴に関連して、〈離れて暮らす家族からの送金〉(一家の主要な収入源をなす場合も多い)の有無も尋ねておく。基本的な質問項目は、1)「送金の有無」、2)「送金者」、3)「送金者との関係」、4)「送金者の職業」、5)「期間」、6)「頻度」、7)「送金方法」などである。

❻結婚歴：結婚をめぐるストーリーには、地域の価値観、社会関係の広がり、「伝統社会」の変容など、さまざまな問題が反映されている。

基本的な質問項目は、1)「結婚の有無」、2)「結婚年」、3)「結婚した場所」、4)「相手と知り合ったきっかけ」、5)「紹介者の有無・紹介者との関係」、6)「結婚を登記した場所」、[離婚歴のある場合は 7)「離婚年」、8)「離婚した場所」、9)「離婚した理由」] などである。

むろん、調査対象地域の婚姻習俗の差異に応じて調整を加えねばならない。たとえば、一夫多妻制を容認するムスリム社会(マレーシアなど)を調査する際には、「複数の妻」の存在を想定した項目編成に変更する。

❼組織への参加(歴)：個々の住民が何らかの組織活動に参加しているか否か(あるいは過去に参加していたか否かを)見ていくことは、人々の有する「家族」を超えた関係の網の目や、その村落ないし区域の政治＝社会的秩序のあり方などにアプローチする１つの経路でもある。

memo

基本的な質問項目は、1)「組織への参加の有無」、2)「名称」、3)「参加年」、4)「活動内容」、5)「組織内の地位」、6)「活動資金」、7)「活動頻度」、8)「退会年」などである。

　組織の類型としては、〈政党・政治団体〉〈文化団体〉〈地縁団体〉〈新興宗教〉などのほか、漢族・華人が住民の中心を占める地域ならば〈宗族組織〉〈廟の祭礼組織〉など、ムスリムが中心の地域ならば〈宗教文化団体〉〈スーフィー教団〉などが考えられる。

■**家族レベルの項目群**　家族レベルの項目群では、世帯規模の生業や家計の構造を問題にする。アジア農村研究会の調査において地域にかかわりなく調査票に組み込む主なトピックは次のとおりである。

　❶農業経営：基本的には、A)「土地の利用状況」、B)「作物の選択」、C)「労働従事者」、D)「農業機械・農業用自動車の利用」などに焦点を当てて項目を作成する。

　A)「土地」をめぐる主な質問事項は、1)「面積」、2)「場所」、3)「土地に対する権利」(所有地・保有地・小作地など)、4)「何の作物を植えているか」などである。土地が分散している場合は各々について聞く。

　B)「作物の選択」をめぐっては、1)「作物の変更の有無」、2)「何の作物に変更したか」、3)「変更の経緯」、4)「変更した年」、5)「現在も続けているか否か／やめた時期・理由」、6)「年間の農事暦(cropping calendar)」[6]などを問う。

　C)「労働従事者」の項目は「実際に農業に従事しているのは誰か」を尋ねるものである。家族以外に雇い人がいる場合、1)「就労期間」、2)「どこから雇い入れたか」、3)「給金の額・支給形式」などを質問する。

---

[6] 農事暦とは、ここでは、各家族が栽培しているすべての作物について、播種・移植・収穫など、栽培の全過程をカレンダーにしたものである。

memo

D)「農業機械・農業用自動車の利用」については、1)「機械・自動車の種類」、2)「購買年」、3)「購買理由」、4)「購買価格」などを聞く。

これらに加えて、E)現在は農業を経営していない家族からも、「過去の農業経営」の1)「有無」、2)「土地関連」、3)「作物関連」、4)「やめた年」、5)「やめた理由」を具体的に話してもらうようにする。

❷商業・小規模製造業の経営：基本的には、A)「経営を始めた事情」、B)「経営の内容」、C)「労働従事者」、D)「過去の小売業・小規模製造業経営」に焦点を当てる。

A)「経営を始めた事情」に関しては、1)「始めた年」、2)「具体的事情」、3)「資本金」などの項目を、B)「経営の内容」に関しては、1)「扱う商品」、2)「商品あるいは原材料の仕入れ先・仕入れ方法・仕入れ値」、3)「販売あるいは加工の詳細・商品の販売先・販売価格」などの項目を聞き取っていく。CおよびDの項目設計は農業経営とほぼ同じである。

❸家計収支：農業・小売業・小規模製造業それぞれの収入を聞くとともに、個々人の収入や「送金」と合わせて、家計収入の合計額を算出する。「送金」の項目はここに入れてもよい。

支出のほうは、当然ながら、「家屋関連費用」（家をいつ、どのようにして、いくらで買ったか／建てたか；家賃はいくらか）、「食費」（主食・副食は何で、それらを買うのにいくら使うか）、「衣料費」（種類・費用）、「光熱費・水道費」（種類・費用）、「各種教育費」（種類・費用）、「趣味」（種類・頻度・費用）、「健康関連費用」など、多岐にわたる。したがって、調査期間が限られている時は、1)「貯蓄率」、2)「ポケットマネーの使途」、3)「最大の家計支出は何か」だけをまず聞いておく。

❹耐久消費財の購入：個々の家族が、1)どのような耐久消費財を、2)いつ（どこで）初めて購入し、3)いつ（どのような新製品に、どこで、いくら払って）買い換えたかは、その村落ないし地域の生活面における「近代化」と「都市化」のプロセスを映し出す。

memo

取り上げる耐久消費財の種類は、地域ごとの事情を考慮して調整する。たとえば、1995年の上海調査では、ラジカセ・テレビ・洗濯機・冷蔵庫・エアコン・CDプレーヤー・バイクなどについて聞いた。2005年現在ならば、パソコン・DVD／VCDプレーヤー・自家用車などを加えねばなるまい。台湾調査(1996年)やマレーシア調査(1998年、1999年、2001年)では、自家用車・ビデオデッキなどは必須項目であった。

　❺買い物をする場所：人々が「どのような日用品を、どこで買っているのか」を問うことは、地域の経済生活の空間的な広がりを知る上で有効である。品目としては、食料品、衣料品、新聞・雑誌・書籍、嗜好品・化粧品などが挙げられる。

　❻食事を共にする相手とその頻度・費用：一家の日常的な交際の範囲などを示す質問項目である。これは、回答者本人の個人レベルの項目に入れてもかまわない。

　むろん、〈個人〉〈家族〉両項目群ともに、以上の諸事項だけで必要十分というわけではない。繰り返すが、対象地域に応じたトピックの種類の調整は常に不可欠であるし、もし調査期間が充分に取れるのならば、トピックおよび項目数の追加も必要であろう。

## 1.3. 基礎調査に特定テーマを加味する場合

　基礎調査の主旨は、テーマを絞り込む前提として地域の全体的イメージを構築することであるが、場合によっては、どういった方向でテーマを絞り込むか、あらかじめ大まかに想定して、上記の基礎項目をさらに縮減した上で、一定の重点的な項目を配置することも可能である。

■**基礎項目の縮減と重点項目の配置**　基礎項目の縮減は、たとえば、〈個人〉関連項目のうち、想定したテーマとの関係が薄いトピックの項目構成を簡略化したり、〈家族〉関連項目のうち、家計関係の細かい項

memo

目を削ったりする。農業従事者、あるいは家内商工業従事者の比較的少ない区域では、農業関係あるいは家内商工業関係のトピックを大部分削除し、現在の大まかな状況と過去の従事経験のみを聞く形にしてもよい。

　重点項目の配置のほうは、アジア農村研究会の過去の調査の例を挙げると、たとえば1998年のペナン島華人街区の調査では〈過去数世代に遡る移住史〉〈血縁集団・地縁集団・宗族などの形成〉に重点を置き、1999年のマレーシア・スランゴル州マレー人村落の調査では、家計関連の項目を大幅に削除・簡略化して、〈村落の開発をめぐる諸動向と村落指導者〉〈イスラーム信仰の様相〉といったトピックを項目に組み入れた。また、2000年の沖縄県浜比嘉島調査では、同じく家計関連の項目を削減したほか、農業関連の項目も大きく削り、〈島内社会の変遷〉や〈沖縄本島との間に橋が建設されたことの社会的・経済的影響〉に関する詳しい質問項目を準備した。

■**ライフヒストリー**　追加する特定テーマがその村落ないし区域の歴史的な変化にかかわる時、1つの切り口となるのが、人々のライフヒストリー(life history)ないしパーソナルヒストリー(personal history)である。ライフヒストリー／パーソナルヒストリーとは、個人の人生の経歴を社会的・歴史的文脈との連関において詳しく記述したものであり、これを集積することで、当該地域に展開した社会的・歴史的プロセスの「意味」を住民の立場から具体的に概観できるし、特定の事象に表れた地域固有の歴史的特質の把握も可能になる。

　個人の簡単な経歴は転居歴・移住歴、学歴、職歴、結婚歴、組織参加歴などのデータを通じてほぼ把捉しうるが、ライフヒストリーは、そうした断片的なデータの組み合わせを越えた、個人の人生経歴の詳細かつ総合的な再構成をめざす。聞き取りは、原則的には回答者本人についてのみ行なう。質問項目の作り方はいろいろと想定しうるが、たとえば、

memo

図5-3 調査票の例③——ペナン調査における調査票(ライフヒストリーの部分を一部改変のうえ抜粋)

| | | |
|---|---|---|
| 1-1 | 現住地への移動年 | 「現在の住所にはいつから住んでいますか」(西暦年) |
| 1-2 | 以前の居住地 | 「その前にはどこに住んでいましたか」 |
| 1-3-1 | 各年の居住地 | 「1945年(終戦)にはどこに住んでいましたか」 |
| 1-3-2 | 各年の居住地 | 「1957年(独立)にはどこに住んでいましたか」 |
| 1-3-3 | 各年の居住地 | 「1965年(シンガポール分離)に どこに住んでいましたか」 |
| 1-3-4 | 各年の居住地 | 「1969年(5.13暴動)にはどこに住んでいましたか」 |
| 1-3-5 | 各年の居住地 | 「1981年(マハティール首相就任)にはどこに住んでいましたか」 |
| 1-4-1 | 各地での職業 | 「1945年(終戦)には何をしていましたか」 |
| 1-4-2 | 各年での職業 | 「1957年(独立)には何をしていましたか」 |
| 1-4-3 | 各年での職業 | 「1965年(シンガポール分離)には何をしていましたか」 |
| 1-4-4 | 各年での職業 | 「1969年(5.13暴動)には何をしていましたか」 |
| 1-4-5 | 各年での職業 | 「1981年(マハティール首相就任)には何をしていましたか」 |

当該地域の現代史上の重要事件をいくつか取り上げ、それぞれの時期に回答者がどこで何をしていたかを質問していくのも1つの方法である(図5-3)。また、各回答者にまず「あなたの人生で一番うれしかったことは何か？」「一番つらかったのはいつか？」と問いかけて、それを基点にさまざまな思い出を聞かせてもらうという方法もある(前者と併用するとよい)。

## 2. 調査票項目の検討と現地語訳の作成

個々の調査の際の調査票作成にあたっては、まず大体の方向性――「純粋な」基本調査にするか、それとも何らかの特定テーマを加味するか――を決めたのち、担当者がたたき台を作成し、調査参加者全員による検討会を開いて、項目編成や言葉遣いなどを詳しく検討する。調査地が海外なら、日本語版の完成後、現地語訳ないし英語訳も作成する。

### 2.1. たたき台の作成と検討会

たたき台となる草稿は、最初に調査参加者全員が話し合って方向性を

memo

決定するのが理想である。実際には全員が最初の段階から集まるのは難しいが、集まれるメンバーだけでも何度かミーティングを行なう。特に、何らかの特定テーマを加える時は、調査地のある国・地域を主な研究フィールドとするメンバーを中心にして、各自の問題意識をつき合わせ、1)「どういったテーマに焦点を絞るか」、そして、2)「基礎項目のどの部分を縮減するか」を固めていく。もちろん、「純粋な」基礎調査の場合でも、項目の編成・内容を調査地にあわせてどのように調整するか、詳しく検討せねばならない。

　方向性が決まったら、担当者を決めて草稿を作り、再び何度か検討会を開いて推敲する。今度は可能なかぎり参加者全員が集まるように日程を組む。また、できれば調査地の歴史・現状に関する勉強会の後に開いた方がよい。さらに、事前準備の担当者が現地で予備調査を実施する場合は、その結果も反映させた上で、項目編成をいちおう確定する。

## 2.2. 現地語訳の作成

　調査地が海外であるならば、できあがった日本語版の調査票は、現地語ないし英語に翻訳せねばならない。参加メンバーが自ら現地語を使ってインタビューするにせよ、現地カウンターパート機関の人員や調査地の住民に通訳を頼むにせよ、日本語の質問項目を口頭で翻訳するだけだと、用語・表現が通じなかったり、相手に伝わった質問内容が各々の質問者によってずれてしまったりしかねないからである。

　翻訳は、現地語あるいは英語に堪能な参加者が素案を作成したのち、ネイティヴ・スピーカーにチェックしてもらうのがいちばんよい。〈難しい用語・表現〉〈一般的に、あるいは現地の言語慣習上、価値判断やステレオタイプを含む語彙〉〈何を尋ねたいのかよくわからない曖昧な表現〉〈ダブルバーレル質問〉などを避けるべきなのは言うまでもない。現地で通訳を頼む場合はなおさら細心の注意が必要であろう。

memo

原則的には、日本語の言語感覚に引きずられずに、各言語の文法的特質を勘案しつつ、なるべく修飾語の少ない簡単・単純な構文にしておく。また、地域ごとの用語慣習の差異にも十分留意すべきである(たとえば「土豆」は、中国北部ではジャガイモを指すが、中国南部や台湾ではふつう落花生を指す)。

## 3. 入力フォーマットの作成

　調査票の完成後、インタビューを入力するためのパソコン表計算ソフト(エクセルなど)のフォーマットを作る(**図5-4**)。フォーマットの形式は、A)ほとんどすべての調査項目を「1行(横のライン)＝1項目」の形で列挙し、B)各列(縦のライン)を各個人・家族に充てる。1行ごとの項目は、最小限まで細かく分けて、ある程度の定型化をめざす。

　一例を挙げると、「(現在の家を買う／建てるための借金を)どこから、どうやって借りたのか？」という質問に対応する入力用フォームは、まず、「親族からの借金」「友人からの借金」「銀行からの融資」……等々、借り入れ先ごとの分類を行ない、次に、たとえば「銀行からの融資」なら、「銀行名」「場所」「融資総額」「すでに完済したか否か」「完済日時」「返済方式」「未返済分の有無」「残高」「完済予定年」「年間返済額」を、それぞれ1行分の項目とするのである。

　表計算ソフトのファイルは、「純粋な」基礎調査の場合、〈個人レベルのデータ〉、〈家族レベルのデータ〉の2つを用意する。特定テーマを加味する場合は、もう1つファイルを増やしてもよいし、テーマ関連の諸項目を〈家族レベルのデータ〉のフォームに組み入れてもよい。

　このほか、ワープロソフトを用いて自由回答(description)用の入力ファイルを別に作り、ライフヒストリーや農事暦など定型化の難しいデータと、インタビューの過程で出てきた興味深い話は、そちらのファイ

memo

図5-4 入力フォーマットの例——ペナン調査における入力フォーマット(一部抜粋)。図5-1 で示した調査票の入力フォーマットであり、各質問項目と横のラインが対応する(これはマレーシアの調査であるため、通訳にもわかるよう英語を使用している)。質問に通し番号を打っておくと、後の整理がやりやすい。

| 0  | house number | 0 |                | 0   |
|----|--------------|---|----------------|-----|
| 1  | date         | 0 |                | 10  |
| 2  | interviewer  | 1 | interviewer    | 21  |
| 2  | interviewer  | 2 | interpreter    | 22  |
| 3  | informant    | 0 | name           | 30  |
| 4  | individual   | 1 | name           | 41  |
| 4  | individual   | 2 | relation       | 42  |
| 4  | individual   | 3 | sex            | 43  |
| 4  | individual   | 4 | adress         | 44  |
| 5  | birth        | 1 | birthyear      | 51  |
| 5  | birth        | 2 | birth place    | 52  |
| 6  | education    | 1 | final level    | 61  |
| 6  | education    | 2 | final place    | 62  |
| 6  | education    | 3 | final year     | 63  |
| 6  | education    | 4 | educated years | 64  |
| 7  | marriage     | 0 | yes or no      | 70  |
| 7  | marriage     | 1 | year           | 71  |
| 7  | marriage     | 2 | place          | 72  |
| 8  | spouse       | 1 | name           | 81  |
| 8  | spouse       | 2 | birtyear       | 82  |
| 8  | spouse       | 3 | birthplace     | 83  |
| 8  | spouse       | 4 | occupation     | 84  |
| 8  | spouse       | 5 | adress         | 85  |
| 8  | spouse       | 6 | death year     | 86  |
| 8  | spouse       | 7 | place          | 87  |
| 9  | divorce      | 1 | year           | 91  |
| 10 | remarrige    | 1 | year           | 101 |
| 10 | remarrige    | 2 | place          | 102 |
| 10 | remarrige    | 3 | name           | 103 |
| 10 | remarrige    | 4 | birtyear       | 104 |
| 10 | remarrige    | 5 | birthplace     | 105 |
| 10 | remarrige    | 6 | occupation     | 106 |
| 10 | remarrige    | 7 | adress         | 107 |
| 11 | occupation   | 1 | sort           | 111 |
| 11 | occupation   | 2 | year           | 112 |
| 11 | occupation   | 3 | status         | 113 |
| 11 | occupation   | 4 | place          | 114 |
| 11 | occupation   | 5 | income/y       | 115 |

ルに文章形式で入力する(→第6章　インタビュー)。

## 4. 調査地での調査項目の修正

　以上のようにして作りあげた調査票を、現地へ赴いて実際に使用するわけであるが、いざインタビューを始めてみると、しばしば、調査項目の一部があまり意味をなさなかったり、調査表作成の段階では全く想定していなかった重要なトピックが見えてきたりする。このような場合、当初の項目編成に拘泥することなく、調査を進めながら、弾力的に質問項目を修正していかねばならない。とりわけ、調査票に特定テーマを加えた時には、そうした現地における調査項目の修正・改編作業は非常に重要な意味を持つ。

### 4.1. 調査項目の修正の実例

《例❶》　たとえば、1999年のスランゴル調査では、調査の過程において、農業はほとんどが油椰子の粗放的な単作であること、開発がらみの土建業に関わりを持つ家族がきわめて多いことなどがわかった。そこで、農業関連の質問項目は大幅に削って、代わりに土建業関連の項目を追加し、いくつかの経営者家族に的を絞って聞き取りを行なうためのより詳しい項目リストも作成した。

《例❷》　また、2000年の沖縄調査では、数日間の調査を通じて、島の近年の社会的・経済的動向の中軸はモズク養殖事業の展開にあることが明らかになった。そこで、〈家族〉関連項目の一部を、「各家族のモズク養殖へのコミット」を問う形に編成しなおし、同時に、モズクの卸先である島外の加工業者・漁協などに対してもインタビューを実施すべく、業者・漁協用の調査票を別に用意した。

memo

## 4.2. 調査項目の修正の意味

　こうした修正・改編は、ある意味で、基礎調査という実践のまさしく本質をなす作業でもある。

　当初の調査票は、調査者側が事前準備の際に書物やメディアから獲得した調査対象地域のイメージの投影にほかならない。そして、インタビューの過程であらわになる調査項目の「不適合」は、的外れな（あるいは片面的な）イメージを押し付けられた地域の側が発する「否定の応答」だと言えよう。ここで、調査者の側は、地域に「問いかける」前提的な枠組み自体を突き崩され、新たな枠組みの模索を余儀なくされる。

　かくして、調査者は質問項目の内容と編成を修正し、新たな「問いかけ」を試みるのだが、もしかしたら、さらに調査を続けると、再び「不適合」があらわになって、同様な作業を何度も反復せざるをえないかもしれない。しかし、そもそも「問いかけ」がなければ、「否定の応答」も返ってはこない。「問いかけ」と「否定」の繰り返しの中に地域の全体像をさぐり求めるプロセスこそ、基礎調査の最大の目標であろう。調査票を作成し、修正していく作業は、とりもなおさず、そのような対話に「場」と「文法」を設定する営為なのである。（安藤潤一郎）

memo

## 第 6 章
## インタビュー

　本章では、具体的なインタビュー実施のプロセスと、インタビュー終了後のデータ整理における留意点を述べる。以下は調査団のメンバーとしてのグループによるインタビューや、フィールドでの個人によるインタビューにおける筆者自身の経験を主たる基礎としたものであるため、あくまでマニュアルの一例としてとらえていただきたい。

## 1. 出発前の準備
### 1. 1. 事前学習
　調査票作成の後、メンバー全員が調査票の内容をきちんと把握し、なぜその項目を聞くのか、それが何を反映するのかについて共通の理解が持てるよう、各項目の意義を再確認する学習会を行なうとよい。これは通訳も同様である。通訳自身が質問の意図を把握していなければ、相手にその意を伝えることは不可能と言ってもよい。できれば予め通訳に趣旨を説明する時間を持ち、認識を共有することにしたい。なお外国語でのインタビューの場合は、相手や通訳が理解しやすい文章に予め練っておくとよい(→第5章　調査票の作成と活用)。

　この他に、研究テーマに関してやその地域の特殊性、歴史、慣習などの事前学習がある。インタビューに際しては、時代の節目となる事件の内容やその年代、地名などの知識がないと、話し手の話の内容を正確に理解できないことになりかねないからである(→第2章　調査の準備)。

memo

## 1．2． 用意するもの

　記録にはツールが必要となる。最も簡単なツールはノートで、本研究会では主にノートへの書き込み方式を採用している。ノートはKOKUYO PRO の SKETCH BOOK が便利である。薄くて幅が小さいためポケットにも入れられ、表紙が硬く机のない場所でも手で支えながら書くことができるので、フィールドワークに適している。このシリーズのノートの中でもスケッチブックがよいのは、時に図を書き込む必要が生じるためである。

　本研究会のインタビューは、アンケート形式でのものではなく対話形式で行なうため、質問の順序は状況に応じて変わってくる。その場合、聞いた内容をそのまま書き取るノート式の記録のとり方をしていると、インタビュー中にどの質問をまだしていないかを把握することが難しいため、時に最低限質問しなければならない共通項目を聞き逃したりすることがある。そのため、必ず質問すべき項目は抜き出してチェック用紙を作成し、インタビュー中に確認できるようにしておくとよい。

　定量的データ、数値のデータが多いインタビューの場合は、答えを書き込むシート式の採用も考えられる。各質問項目に解答欄をつけてシートを作成し、シートをインタビューの回数分だけコピーする。この場合、聞き取りを済ませていない項目は空欄になり一目でわかるため、項目チェック用紙は不要である。定量的データのみをシート式にし、定性的データはノートに書き取るという方法もある。

　１人の人物に繰り返しインタビューをする場合には、録音は必須で、レコーダーが必要となる。しかし、調査票を使って行なう情報収集のためのインタビューや基礎調査の場合、録音が必要とは思えない。特に市井の人々に話を聞く場合、会ってすぐに録音することを依頼すると警戒心を抱かれることもあるため、本研究会では原則使用しないことにして

memo

図 6-1 シート式の例。これは、筆者が実際にベトナムにおける調査で使用しているものを一部改変したもの。

|   |   |   | 記入者 |   |   |   |   |   |   |
|---|---|---|---|---|---|---|---|---|---|
| 1 | 1 | 日付 |   |   |   |   |   |   |   |
| メモ | 2 | 時間 |   |   |   |   |   |   |   |
|   | 3 | 同行者 |   |   |   |   |   |   |   |
|   | 4 | 家の特徴 |   |   |   |   |   |   |   |
| 2 | 1 | ego の生年(年齢)と氏名 |   | 年 |   |   |   |   |   |
|   |   | ego の職業と時期 | 農業 |   | その他 |   |   |   |   |
|   | 2 | ego の学歴・軍歴 |   |   |   |   |   |   |   |
|   | 3 | 同居している家族の生年<br>氏名・職業と就職の時期 |   |   |   |   |   |   |   |
|   |   |   |   | 年 |   |   |   |   |   |
| 基 |   |   |   | 年 |   |   |   |   |   |
|   |   |   |   | 年 |   |   |   |   |   |
| 礎 |   |   |   | 年 |   |   |   |   |   |
|   |   |   |   | 年 |   |   |   |   |   |
| 情 | 4 | 同居していない家族の生年<br>氏名・職業・現在いる場所<br>と結婚・時期・相手の出身 |   |   |   |   |   |   |   |
| 報 |   |   |   | 年 |   |   |   |   |   |
|   |   |   |   | 年 |   |   |   |   |   |
|   |   |   |   | 年 |   |   |   |   |   |
|   |   |   |   | 年 |   |   |   |   |   |
|   | 5 | 同居している子供に将来どのような職に就いて欲しいか |   |   |   |   |   |   |   |
| 3 | 1 | 職種 | 食品製造販売 | トレーダー | 仕立て | 小物売り | 自転車修理 | 飲食業 |   |
|   |   |   | 起業 | その他 |   |   |   |   |   |
|   | 2 | きっかけ、言い出した人<br>それに対する意見 |   |   |   |   |   |   |   |
| 商売 | 3 | 経営場所<br>その場所を入手した経緯 |   |   |   |   |   |   |   |
|   | 4 | 従事者 |   |   |   |   |   |   |   |
|   | 5 | 業務時間・年間の稼働日 |   |   |   |   |   |   |   |
|   | 6 | 取り扱い量 |   |   |   |   |   |   |   |
|   | 7 | 一日の売上・利益・経費 |   |   |   |   |   |   |   |
|   | 8 | 行動範囲 |   |   |   |   |   |   |   |
|   | 9 | 最初の投資額(商売他) |   |   |   |   |   |   |   |
| 4 | 1 | 従事者 |   |   |   |   |   |   |   |
| 農業 | 2 | 水田・畑地・庭面積 | 水田 |   |   | 畑地 |   | 庭 |   |
|   |   | 誰の分か |   |   |   |   |   |   |   |
|   |   | 水田は何期使用 |   |   |   |   |   |   |   |
|   | 3 | 池面積 |   |   |   |   |   |   |   |
|   |   | 池の借用期間と借用形態 |   |   |   |   |   | 分配 | 入札 |
|   | 4 | その他の土地面積 | sao |   |   |   |   |   |   |
|   |   | その入手形態・時期 |   |   |   |   | 譲与 | 借用 | 請負 |
|   | 5 | 土地の増減を望むか その理由<br>その理由 | 望む | 望まない |   |   |   |   |   |
|   | 6 | 土地の売買の時期・価格 | 売 | 買 |   | ～ |   |   |   |
|   |   | 売買のきっかけ・理由 |   |   |   |   |   |   |   |
|   | 7 | 南部農民の土地売却をどう思うか |   |   |   |   |   |   |   |
|   | 8 | うるちの収量、販売購入量 |   |   |   |   |   |   |   |
|   |   | 販売方法 |   |   |   |   |   |   |   |
|   | 9 | もち米の収量・販売購入量 |   |   |   |   |   |   |   |
|   |   | 販売方法 |   |   |   |   |   |   |   |
|   | 10 | 葉野菜：収量・販売購入量 |   |   |   |   |   |   |   |

いる。

　その他の記録のツールに、話し手の写真をデータとして記録するためのデジタルカメラがある。複数回のインタビューを短期間にこなすと、話し手に関する記憶が混乱しやすいが、画像があると整理しやすい。フィルムのカメラではすぐにデータ化できない上、共有が難しいので、デジタルカメラの方がよい。

　この他に用意すべきものとして、お礼の品物がある。謝礼は、扇子やハンカチ、絵葉書などの日本風のおみやげ、ボールペンやライター、電卓など日本からのおみやげ、当地で購入するキャンディーやビスケットなどのお菓子類、お金、またこれらを組み合わせるなど、地域や状況によりさまざまである。最も適している謝礼が何であるかについては、現地で調査のアレンジをしてくれるカウンターパートに事前に問い合わせるのが最良であろう。

## 2. インタビュー
### 2.1. 訪問と挨拶
　インタビューの場所は、状況によって異なる。当然のことだが、待ち合わせの場合は必ず話し手より先に到着しておかなければならないので、20～30分の余裕を持ちたい。話し手のお宅へ訪問する場合は、早すぎる到着は避けた方がよい。家に上がったら、話を伺う方のみならず、その場にいる家族の全員にそれぞれ挨拶をし、「お邪魔する」ことの承諾を得るようにしたい。これは帰りも同様である。

　話し手に対し常に礼儀正しい姿勢でいることは当然のことであるが、いつまでもかしこまっているのも、話し手と聞き手との距離の表れであり、不自然であろう。相手にもよるが、旅先で行き合わせた人と世間話

memo

写真6-1 ベトナム、ハノイ調査にて。手前左がインフォーマント。背中が通訳。

をするように、天気についてでも、相手の家や服装についてでもよいので、ごく普通に話すことから距離を縮めていきたい。

着席する際には、インタビューを中心的に進める人物は話し手に近い席を選び、通訳は両者の顔が見える所ないし両者の間に席を取るのがよい(ただし真横に並ぶと話しにくい)。

着席してインタビューを開始する際になったら、まずインタビューに応じていただいたお礼を述べる。自分たちのために、大切な時間を割いていただいていることを忘れてはならない。「せっかく関心を持ってあげているのに協力してくれない」などという気持ちを持つと、それが相

memo

写真 6-2　ベトナム、ハノイ調査にて。左がインフォーマント。中央がインタビュアー。右は記録係。

写真 6-3　マレーシア、スランゴル州調査にて。インタビュー中、子供をあやす係が必要になることもある。

手に伝わってしまう。

　続いて、自分たちが何者であるのかを紹介する。インタビューの開始から終了まで、「よくわからない人たち」という印象のままになることは避けたい。続いて、調査の全体的目的と個別のインタビューの目的をきちんと述べ、自分たちが何をしにここにいるのかを説明する必要がある。またどうしてこれらの質問を聞く必要があるのかを予め説明し、話し手と関心を共有する姿勢を持ちたい。この点をおろそかにすると、「なぜこんなことを話す必要があるのか？」という疑問を招き、相手の話が最小限に留まることになりかねない。

## 2．2．インタビューの実施
■**展開に関する留意点**　インタビューの最初の段階では、あまりに曖昧でその意味解釈を相手の判断に任せるような質問は避け、名前から始めて、年齢、職業、家族構成など簡単に答えられるものから聞いていくとよい。複雑な質問や、相手の考えを聞くのは、ある程度やり取りを行った後の方が、意思疎通がはかりやすくて効率的である。

　この最初の段階では、話題が次々転換するのはやむを得ない。しかしこの段階を過ぎた後は、できるだけ前の話題と後の話題をつなぐ橋を架ける努力をしたい。調査票に沿って質問していると、前の項目が終了したら次へ、とこれまでの話の展開を考慮せずに、まったく異なる質問をしてしまいかねない。その質問は、調査票を手元に見ている我々にとっては流れの中にあっても、話し手にとっては唐突に感じられるはずである。たとえば、家族構成の次の質問が農業で、農業に関する質問表のトップが土地面積であるとする。家族の構成員について聞いていたのに、「次は農業ですが、所有農地はどのくらいですか」と聞くと、話題はぶつ切りになってしまう。前の話題を引き継いで、「家族が7人もいらしたら、かなり農地の所有面積も労働力も充実しているのではありませ

memo

写真6-4 マレーシア、スランゴル州調査にて。インタビュー後、村のイマーム（礼拝の指導者）夫婦との記念撮影。皆緊張気味。

か？」と入ってみよう。すると「いや、それが土地が7人分はなくて……」「うちでは他からも農地を借りているから、7人分よりもっと多くてね……」といった返事が返ってくるだろう。短くても前後の質問に橋を架けることで、自然な会話として話を展開することができるのである。

　調査票にとらわれすぎないことが大切である理由は、他にもある。調査票は各調査対象から同じ項目を引き出す基準に過ぎず、その通りに聞かなければならないわけではない。インタビュー調査の場合、調査票の欄を埋めることが目的なのではない。それならアンケート調査で十分だ

memo

からである。話の流れに沿って、質問順序や内容、その方法は柔軟に変えていかなければならない。たとえば幼少時、学業、仕事、そして結婚、とライフサイクルにあわせて質問項目が作ってあるとしよう。しかし話し手の幼少時代の話に結婚相手が登場した場合、そのまま結婚まで話を続けてもらえばよいのであって、話を引き止める必要はない。その話が終わってから、では結婚当時何をしていたか、なぜその職に就くことになったのか、その職業と関連した学校に通っていたのか、と時間を遡って問うていくことも可能なのである。それで話の流れに確信が持てなかったら、最後にもう一度時系列に確認をとればよい。

　また、インタビュー中には時に話に詰まることもある。双方の集中力が途切れたり、次の話題への架け橋が見つからなかったり、質問の意図を捉えかねて話し手が戸惑う時などである。そんな時には、「日本の場合は…」「私も以前こんな経験をしましたが…」、と少し自分の話を持ち出してみるとよいだろう。そうすれば「いや私の場合は」「そうそう、私の場合も」といった相手の反応を得ることができ、それをきっかけにまた会話が弾む。

　その他に、家の中にあるものを話題にするのもよい。飾ってある写真などは、たくさんの話題を提供してくれる。話の中の登場人物も、写真と照合すると具体的なイメージが抱きやすい。また他の家庭では見かけないその家族の特徴的なもの(たとえば珍しい家具や家屋の構造、祭壇や庭など)について聞いていくことで、意外な話題や情報が提供されることもある。目を周囲に転じ、調査票に沿ったインタビューを一時休憩することで、気分転換にもなり、緊張をほぐすことができる。

■**質問に関する留意点**　インタビューの場合は、これを聞かれているのが自分だったら、という発想を持つことが大切である。通常初めて会った人には失礼だとして聞かないことでも、インタビューでは聞いていく

memo

写真6-5 マレーシア、スランゴル州調査にて。インタビュー後、畑に出て記念撮影。

こともある。そのため、言い回しには十分注意したい。センシティブな問題の場合、無神経にストレートに聞くことは避け、前置きになるようなことを話したり、質問を重ねて徐々にアプローチするなどクッションを置き、不自然でない形で最終的な質問へたどり着くといった丁寧な手順を踏むことが望ましい。

　たとえば、調査票に「学歴」とある場合、調査票通りに「あなたの学歴を教えてください」と尋ねるのは不適切である。まずは、「当時はほとんどの子供たちが学校へは行けなかったことと思いますが」「ここでの大学入学は大変難しいと聞いていますが」といった前置きをし、聞き

memo

手である大学生たちを前にしても、話し手が「自分は学校へは行かなかった」といった返事をしやすい環境を作る配慮が必要である。

■その他の留意点　大切なのは、あくまでインタビュアーは聞き手なのであって、相手の話に耳を澄ます姿勢でありたいということだ。たとえ相手の話が繰り返しであっても、こちらが十分に承知していることであっても、話し手の話が一度途切れるまでは遮らないようにしたい。ただし、普段の友人との会話の時も同じであろうが、関心を示す相槌は重要である。驚きや関心は素直に示すのがよい。非常に関心のある点に触れたならば、すぐにその点について話を展開してもよい。

　また当たり前のことだが、質問は相手の目を見て行なうべきで、通訳ばかり見て話してはならない。そして話は短く切り、すぐに通訳につなぐ。通訳するまでに時間がかかると、間延びしてしまい、相手を退屈させてしまうことになる。またメンバー同士で日本語で話すと、相手に疎外感を感じさせることになるのでできるだけ慎み、最低限の必要時のみとしたい。

## 2.3. インタビュー後

　話し手・聞き手双方にとって、よい状態の集中力を維持できる限度は2時間であると考えられる。その範囲に納まるように、時間を調整すべきだろう。インタビューが終了したら、貴重な時間を割いていただいたことへの感謝と、情報やお話が非常に参考になることについて、心を込めてお礼を述べたい。

　最後に記念写真を撮ることで締めくくる。写真はメンバーと共に撮るのもよいし、写真が貴重な地域であれば、家族だけでスナップを1枚撮るのもよい。この記念写真とは別に、データ用にデジタルカメラを用いて話し手のみを撮影する。一緒に家の概観なども撮っておくと、インタ

memo

ビュー時の状況が思い出しやすいため、役に立つ。

　記念写真は、調査後に相手にお礼の手紙と共に送る。この作業をおろそかにすることは、インタビューそのものをおろそかにすることと心得たい。

## 2.4. 各作業をスムーズに行なうために

　上記のように、ある人からお話を伺うには、さまざまな作業が存在する。調査グループの経験が浅く、人数が多い場合は、緩やかに役割を分担すると作業漏れが防止でき、インタビューごとに分担を交代すればいろいろな経験を積むことが可能である。たとえば次のように作業を分担することができる。

❶インタビュー担当：インタビューを中心的に進める。しかしインタビュー担当以外のメンバーもできるだけインタビューに参加し、話し手に対し全員が関心を持っている姿勢を示したい。聞き忘れがあれば、話の流れが変わる前に他のメンバーが話に割り込んで差し支えないし、他のメンバーがある話題について話を展開させたいと感じたならば、インタビュー担当からいったんインタビュアーの役目を引き継いでもよい。担当はあまり固定的に捉えない方がよいだろう。なおインタビュー担当は、本人がノートを取り切れなくても他のメンバーが引き受けてくれるので、ノートに時間を取らないこと。最重要の任務は、話の間合いが開いてしまわないようスムーズに話を進めることである。

❷固有名詞担当：固有名詞をきちんと書き取るために、通訳の隣に座り、通訳のメモを見て正しいスペルを書き写す。ただし通訳がデータ整理に参加できる場合は、固有名詞のメモは通訳にお願いすればよいので、特に担当は不要である。

❸チェック担当：項目チェック用紙で、インタビュー済みの項目をチェックし、時にインタビュー担当にインタビュー漏れを知らせる。こうす

memo

ることでインタビュー漏れを防ぎ、インタビュー担当は漏れを気にせずインタビューに専念することができる。

❹謝礼担当：お礼を述べる時に、タイミングよく謝礼のお金や品物を手渡す。そのため、班長やインタビュー担当など、お礼の口上を述べる人とは別のメンバーが担当しておくとよい。

❺写真担当：撮影場所をさっと決め、写る人の並び方などを指示し、撮影する。少なくともデータになるデジタルカメラの写真担当は、撮り忘れを防ぐために決めておくほうがよいだろう。

## 3. データ整理

データの整理には2つの段階がある。すなわち、調査期間中に行なうものと、調査終了後に行なうものである。アンケートやシート式の調査票を利用する場合は、定量的データが大部分であるから、調査終了後にまとめてデータを整理することも容易であるが、本研究会のインタビュー調査のように、定性的データが大きな比重を占める調査方法の場合、データはインタビューが終了したその日のうちに逐一整理していくことが望ましい。本研究会では、「データは生もの」という言葉でこれを表現している。1日経つと腐ってしまう、ということである。

第1章でも述べたように、データは定量的データと定性的データの2種類に分けて整理される。定量的データとは、数値化できるすべてのデータであり、定性的データとは数値化しきれない個別具体的な情報のことである。原則的には、得られたデータのうち、定量化(数値化)できる部分はできる限り定量化し、定量化しきれない部分のみを定性的データとして処理する。なぜなら、定量化とはすなわち、他と比較できる状態にするということであり、比較可能なデータは多いほうがよいと考えるからである。

ただし、実際の作業手順としては、まずは聞き取った内容をすべて文

memo

章の形で整理し、しかるのち、その中から定量化しうるデータを抽出するのが望ましい。このほうがデータの記録漏れを防ぎやすい。

## 3.1. データを文章化する

　まずは、野帖の記録に基づいて、「見たまま、聞いたまま」の内容を文章にまとめる。この段階では、記録漏れや聞き間違いなどがないように注意する。複数でインタビューを行なった場合は、各自の野帖を照らし合わせながら進めるとよい。

　文章の書き方については、特に決まり事はないが、できるだけ平易な文章で書くのがよい。特に集団調査の場合は、誰が読んでも理解できるように、わかりやすい文章を心がけるべきである。また集団調査の場合、固有名詞の表記のしかた(たとえば人名や地名はアルファベットで記録するのか、カタカナで記録するのか。アルファベット表記の場合、綴り方はどうするのか、など)をあらかじめ統一しておくことも重要である(→第8章　調査後の過程)。

　文章が出来上がったら、これを調査票の項目順に組みなおす。インタビュー中、話の流れの中でばらばらに出現していた情報を、ここで学歴、職歴、農業などといったテーマごとにまとめ直すのである。もし、調査票の項目に分類できないような情報が得られた場合には、とりあえず「その他」としてまとめておけばよい。

## 3.2. 定量的データを作成する

　文章を整理し終えたら、それをもとに定量的データを作成する。定量的データの整理には、エクセルなどの表計算ソフトを利用する。あらかじめ、調査票をもとにしてデータ整理用のシートを作成しておき、これにデータを書き込んでいく。第5章で述べたように、本研究会の調査票は個人レベルの質問項目と家族レベルの質問項目の2つに大きく分けら

memo

図 6-2 データ入力の例——ペナン調査におけるあるインタビュー記録(一部編集のうえ抜粋)。夫婦に娘3人の5人家族なので、5列分に1人ずつ質問の答えを記入していく。

| 0 | house number | 0 | | 0 | 35 | 35 | 35 | 35 | 35 |
|---|---|---|---|---|---|---|---|---|---|
| 1 | date | 0 | | 10 | 980314 | 980314 | 980314 | 980314 | 980314 |
| 2 | interviewer | 1 | interviewer | 21 | x | x | x | x | x |
| 2 | interviewer | 2 | interpreter | 22 | y | y | y | y | y |
| 3 | informant | 0 | name | 30 | z | z | z | z | z |
| 4 | individual | 1 | name | 41 | z | za | zb | zc | zd |
| 4 | individual | 2 | relation | 42 | e | w | d1 | d2 | d3 |
| 4 | individual | 3 | sex | 43 | m | f | f | f | f |
| 4 | individual | 4 | adress | 44 | lorong pekaka | lorong pekaka | air itam | lorong pekaka | lorong pekaka |
| 5 | birth | 1 | birthyear | 51 | 1950 | 1953 | 1972 | 1973 | 1980 |
| 5 | birth | 2 | birth place | 52 | sungai dua | bayan lepas | sungai dua | sungai dua | sungai dua |
| 6 | education | 1 | final level | 61 | form3 | 中山小学中退 | secondary | secondary | bl |
| 6 | education | 2 | final place | 62 | nd | nd | penang | penang | bl |
| 6 | education | 3 | final year | 63 | 1967 | bl | nd | nd | bl |
| 6 | education | 4 | educated years | 64 | 9 | 3.5 | nd | nd | 11 |
| 7 | marriage | 0 | yes or no | 70 | Y | Y | Y | N | N |
| 7 | marriage | 1 | year | 71 | 1973 | 1973 | nd | bl | bl |
| 7 | marriage | 2 | place | 72 | penang | penang | nd | bl | bl |
| 8 | spouse | 1 | name | 81 | za | z | nd | bl | bl |
| 8 | spouse | 2 | birtyear | 82 | 1953 | 1950 | nd | bl | bl |
| 8 | spouse | 3 | birthplace | 83 | bayan lepas | sungai dua | nd | bl | bl |
| 8 | spouse | 4 | occupation | 84 | 主婦 | コーヒー店経営 | nd | bl | bl |
| 8 | spouse | 5 | adress | 85 | lorong pekaka | lorong pekaka | nd | bl | bl |
| 8 | spouse | 6 | death year | 86 | bl | bl | nd | bl | bl |
| 8 | spouse | 7 | place | 87 | bl | bl | nd | bl | bl |
| 9 | divorce | 1 | year | 91 | bl | bl | bl | bl | bl |
| 10 | remarrige | 1 | year | 101 | bl | bl | bl | bl | bl |
| 10 | remarrige | 2 | place | 102 | bl | bl | bl | bl | bl |
| 10 | remarrige | 3 | name | 103 | bl | bl | bl | bl | bl |
| 10 | remarrige | 4 | birtyear | 104 | bl | bl | bl | bl | bl |
| 10 | remarrige | 5 | birthplace | 105 | bl | bl | bl | bl | bl |
| 10 | remarrige | 6 | occupation | 106 | bl | bl | bl | bl | bl |
| 10 | remarrige | 7 | adress | 107 | bl | bl | bl | bl | bl |
| 11 | occupation | 1 | sort | 111 | コーヒー店経営 | 主婦 | 主婦 | 父のコーヒー店手伝い | bl |
| 11 | occupation | 2 | year | 112 | 1967 | bl | bl | nd | bl |
| 11 | occupation | 3 | status | 113 | nd | bl | bl | nd | bl |
| 11 | occupation | 4 | place | 114 | sungai dua | bl | bl | sungai dua | bl |
| 11 | occupation | 5 | income/y | 115 | na | bl | bl | nd | bl |

memo

れるので、これにあわせて、「個人データ」と「家族データ」の2種類のシートを用意するとよい(→第5章　調査票)。

■**個人レベルの項目群**　ここでは、インフォーマント本人だけでなく、インタビューで情報が得られたインフォーマントの家族1人ずつについて、別々にデータを整理する。図6-2にあるように、各行(横のライン)に1つ1つの質問項目を配列し、各列(縦のライン)にインフォーマントおよびその家族を1人ずつ配列するという形のシートを作成する。ここでの質問項目の配列は、当然ながら、調査票における配列と厳密に対応する(第5章の図5-1、5-4も参照)。

■**家族レベルの項目群**　こちらは、家族を単位としてデータを整理する。したがって、各列に1家族ずつを配列する形でシートを作成する。それ以外は、個人データの場合と同様である。

## 3.3. 定量的データの整理における注意事項

■**親族関係の記述**　データ整理においては、インフォーマントの家族たちの相互の親族関係を厳密に記述する必要がある。たとえば「祖父」とだけ記録してあった場合、それが父方の祖父なのか、母方の祖父なのか判然としない。このような混乱を避けるため、本研究会では、インフォーマント本人をEgoと表記し、それ以外の家族メンバーはすべて、Egoを中心とした親族関係を示す記号によって表記する。すなわち、F(父)、M(母)、H(夫)、W(妻)、S(息子)、D(娘)の6つの記号とその組み合わせによって親族関係を表現するのである。いくつか例を示そう。

《例❶》息子や娘が複数いる場合は、記号のあとに数字を付けて区別する。この時、息子と娘は別々に数える。たとえば上から長男、次男、長女、三男の4人の子供がいた場合、それぞれS1、S2、D1、S3と表記する。あるいは、再婚などによって父母あるいは夫、妻などが複数いる

memo

場合にも、同様に数字を付けて区別する。

《例❷》祖父は、FF（父の父＝父方の祖父）または MF（母の父＝母方の祖父）。祖母、あるいは曾祖父母なども同様。孫や曾孫の場合も同様で、たとえば S1S1（長男の長男）などと記述する。

《例❸》インフォーマント本人のきょうだいは、「父の息子、娘」として扱う。たとえばインフォーマントに兄 1 人と妹 1 人がいる場合、FS1、FS2（＝Ego）、FD1、となる。

《例❹》さらに複雑な親族関係も、これらの記号を組み合わせていけば表記できる。たとえば「妻のいとこ」であれば、WFFS1D2（妻の父の父の長男の次女）など。あまりに煩雑になるようであれば、たとえば「WFFS1D2（妻の父方のいとこ）」といったように、記号とことばによる表現を併記しておけばよい。

■**単位の統一**　前述のように、定量的データ作成の目的は他との比較であるから、定量化の基準あるいは単位を事前にきちんと決めておくことが重要である。

《例❶》インフォーマントの生年、あるいは就学、就職、転居、結婚などをした年を尋ねた場合、必ずしも西暦で回答が得られるとは限らない。「自分が○○歳の時」というかたちで回答される場合や、たとえばタイにおける仏暦のようにその地域特有の暦を用いて回答される場合もあるだろう。これらは、データ整理の段階では、基本的にはすべて西暦に直して記述するのがよい。なお、以下も同様であるが、エクセルなどの表計算ソフトを利用する場合、数字はすべて半角英数で入力する必要がある。そうしないと、後でデータの並べ替えなどの処理を行なうことができない。

《例❷》就学、就職、結婚などについて、場所を尋ねた場合も、インフォーマントによって答え方はさまざまである。つまり、村の名前で答えるかもしれないし、県の名前で答えるかもしれない。データ整理におい

memo

ては、同じ地名は同じように表記しておかなくては意味がないから、地名をどのように表記するかをあらかじめ統一しておく必要がある。

《例❸》農作物、たとえば米の収穫量を尋ねた場合、さまざまな単位を用いて回答される可能性がある。たとえば本研究会の北タイ調査の事例では、籾米を入れる袋を単位とした回答が得られたことがあった。このような場合、その袋が何 kg に相当するかを調べ、回答を kg 単位に換算して記録する必要がある。また、特に米の場合、籾米の量なのか、精米の量なのかを明確に区別して記録することが重要である。

■「データなし」の記録　ある項目についてデータが得られていない場合、シートの該当する欄を空白にしておいてはならない。「それについて質問しなかった(し忘れた)」場合と、「質問はしたが回答が得られなかった」場合とを区別する必要があるからである。本研究会では、前者は nd(no data)、後者は na(no answer)と表記する。この区別をしておくことは、後日そのインフォーマントに再度インタビューを行なう際に重要になる。以前に質問したけれども回答が得られなかった項目について再度尋ねるのは、インフォーマントに対して失礼であるし、回答が得られる可能性も低いからである。また、これとは別に、ある項目がそもそもそのインフォーマントについては該当しない、という場合もある。たとえばインフォーマントが未婚の場合、「結婚年」「結婚した場所」などの項目は該当しない。このような場合は、空欄のままにしておいてもいいが、厳密に区別したければ、たとえば bl(blank)などの記号を用いてもよい(図 6-2 を参照)。

## 3.4. 定性的データをまとめる

　定量的データを作成し終えたら、最初に作成した文章をもう一度読み返し、定量的データから漏れている部分だけを抽出してまとめておくとよい。本研究会ではこれを特に「ディスクリプション」と呼んでいる。

memo

写真 6-6　夜宿舎におけるデータ入力風景。腹が減ってはいくさはできぬ。

この部分は、各インフォーマントの特徴的なエピソードなどが記録されることが多いので、後日、インフォーマント1人1人の顔やインタビュー時の状況などを具体的に思い出すために役に立つ。

　ディスクリプションの意義はそれだけではない。定量的データから漏れるデータというのは、すなわち、調査票作成時において想定していなかったデータということである。つまり、この部分を見れば、調査開始前に想定していた状況と調査地の実際の状況とのずれを認識することができる。したがって、調査中に随時ディスクリプションの記述を読み返すことにより、調査の方針を適宜修正していくことができる。

memo

**図6-3 ディスクリプションの例――ペナン調査におけるあるインタビュー記録(一部編集のうえ抜粋)**

```
ハウスナンバー:35
インタビュアー:X
通訳:Y
インフォーマント:Z
```

(家計)
- 現在の家は9年前に建てたが、戸主は1年前までSungai Duaのコーヒーショップで寝起きしていた。
- 家を建てたときのコストは2万6千RM、その後、改築し、そのコストは4万RM、すべてあわせて8万RMくらいかかっている。
- 地代は以前は33RM/平方フィート、現在は50RM/平方フィートかかっている。現在のほうが割高。
- 資金は自分でためた金を使い、他から借りていない。
- コーヒーショップは朝6:30~夜6:30まで。コーヒーショップの名前は「香冠新」。
- 最近、景気が悪く、コーヒーショップの客の入りが悪くなってきたと本人はぼやくが、妻と娘は贅沢しなければ問題ないといっていた。
- 居間には左から三太子、財神、大伯公、大地爺を祭る神卓があった。

(食生活)
- 時々自宅で料理するが、コーヒーショップ等での外食が多い。
- 食費は5人で1日30RM。

(衣料)
- 中国正月のときに衣料を購入する。購入場所は近くのスーパーマーケット。

(光熱費等)
- ガスは自宅で湯を沸かす程度しか使わない。
- 以前、本人が携帯電話を持っていたが、料金が高いため解約した。

(教育等)
- 孫(d1s1、4歳)は、幼稚園で週1回1時間パソコンを習っている。パソコンはAir Itamに住む娘の夫の家にある。幼稚園の費用は、パソコンを含め全部で月80RM。
- カラオケ、映画には娘が友人と時々行っている。
- 旅行はタイに日帰り旅行をしたことがあるが、時間がないため行かない。
- 彼の経営しているコーヒーショップでは、麻雀が行われている。
- 新聞2紙は、配達されている。

(耐久消費財)
- サテライト受信機(フィリップス)、テレビ(フィリップス)、ビデオデッキ(ソニー)、ビデオCDプレーヤー(ソニー)、ミニコンポ(パイオニア)
- (参考)サテライトテレビ代は月80RM(USMアシスタント学生のリーダーの情報)[1]
- 車はホンダ・アコードの3代前モデル。

(交際)
- 中国正月には、家族で家で会食する。

(家族データ)
- D1一家はAir Itamに住み、週に1回訪ねてくる。
- D1S1の行っている幼稚園の名前は、Fernland Nursery。
- 本人は6人兄弟(姉妹1人いたが、約10年前に死亡している。既婚)。FS1(55歳)、近くのアパートに住みビジネスをしている。FS2(54歳)、近くのアパートに住みビジネスをしている。FS3(51~52歳)仕事等不明。FS4(年不明)コーヒー店の近くで経済飯を売っている。FS5(本人)。FS6(45歳)母が死んだとき(1988年)にパハン州に移る。職業不明。死亡した姉妹はBalik Pulauに住んでいた。
- D3は協和中学のForm5に在学。SPM試験の準備中。
- Fは本人が5歳のときに死亡。母がコーヒーショップを経営し、子供たちを育てる。
- WFは海南人で、文昌の出身。現在も健在で、Bayang Lepasでコーヒー店を経営。現在83歳。WMはペナン出身。すでに死亡。

---

[1] インフォーマント以外から情報を得た場合、誰からの情報であるかを明記しておく。

## 3.5. その他の記録

多数のインタビューをこなしていくと、インフォーマントの顔や話の内容、その時の状況についての記憶が混乱することがある。調査中にこれらを思い出しやすいように、定量的データのシートとは別に簡単な訪問先リストを作成し、インタビュー日時、インフォーマントの氏名と特徴、インタビュー担当者の氏名などを書き込んでおくと便利である。

インタビュー中に撮影したインフォーマントの写真も、氏名を記入しておき、リストと共に参考にするとよい。デジタルカメラであればコンピューター上で整理できるので便利である。また、できればインフォーマントの住居の写真も撮っておくとよい。最も楽なのは、インタビュー終了後、インフォーマントの住居の前で記念撮影をするというやり方である。

## 3.6. 調査中のデータ利用

こうして整理したデータは、調査中、随時プリントアウトするなどして利用できる状態にしておくのが望ましい。特に集団調査で、いくつかの班に分かれてインタビューをしている場合、暇を見て各班のデータを回覧し、互いの班の状況をチェックし合い、班ごとにインタビューのやり方が異なってしまわないように注意することが重要である。インタビューの内容を常に見返しておくと、徐々に時代背景や地名などに関する知識が蓄積できる。また、多数のデータを比較して見ることで、得られた数値が多いのか少ないのか、そのことは珍しいのか一般的なのか、といったことを、調査中においてもある程度判断していくことができる。集団調査の場合は、状況に応じて中間報告会を開き、それまでに得られたデータについての共通認識を培っていくことが重要であろう。(1、2節：小川有子、3節：國谷徹)

memo

# 第 7 章
# 調査環境

　ここまでは、主に具体的な調査の方法について説明してきた。しかし、海外における調査では、体調の管理など、実際の調査以外にさまざまな点に注意を払う必要がある。そこで、本章では、アジア農村研究会での経験に基づき、調査環境の整え方について述べていきたい。なお、本章で述べる内容は、あくまで2週間で集団調査を行なっている本研究会の経験によるものである。そのため、個人で調査を行なう場合や、より長期的な調査の場合、本章の記述では不十分な点もあることを理解していただきたい。

## 1. 衣食住について
### 1. 1. 衣服
■**服装について**　服装は、村の人々に対する調査者の第一印象を決定する上でかなり重要である。第6章でも述べたように、インタビューとは村の方にわざわざ時間を割いていただいて行なっているものであり、こちらもそれなりの礼儀を尽すのは当然である。日本人の感覚でも、渋谷で遊ぶような過度に派手な格好の若者が、調査を行なうとは考えにくい。また、アジアの村の人々にとって、学生がエリートであるという考え方はなお強い——たとえ訪問者である自分たちがそう思わなくても。彼らは、こざっぱりとした服装をした都市の学生というイメージを持っている。

　そこで、本研究会では、調査説明会(→第2章　調査の準備)において、以下のように服装の注意を促している。

　調査中は男女とも、長ズボンをはくようにする。ハーフパンツは現地

memo

写真7-1　マレーシア、スランゴル州のホテル内の部屋の光景。洗濯は調査の基本なり。

の人に嫌われるため、避けたほうがよい。

　上着は襟付きのものが好ましい。Tシャツはそれほど問題ないが、ノースリーブは避けた方がよい。なお、村やカウンターパートとのパーティがあるので、襟付きの長袖シャツを最低1枚は持参するようにしている。

　足元は、男性の場合、靴を履くように心がけている。調査中は舗装した道路のみを歩くわけではない。時には田畑や山林に連れていってもらい、そこで話を伺ったりするので、女性もサンダルのみではなく、靴も持参するようにしている。

　アジア、特に東南アジアの日中は非常に日差しが強い。気をつけなけ

memo

ればならないのが日射病や熱中症である。そこで、調査中は前後につばが付いている帽子を持参するようにするとよい。また、日射病・熱中症対策として、なるべく頻繁に水分をとるように心がけているため、汗をかく。汗を拭く手ぬぐい（乾きやすいタオル）を持参することをお勧めする。

　一方、熱帯地方のホテルやレストランなどの建物の中は、冷房が効きすぎていて寒い場合が多々ある。これはサービスの一環なのでしかたがないが、サマーセーターなどの長袖を用意しておくとよい。なお、ある程度高級なホテルにはプールがついていることもあるので、水着を持っていけば楽しく過ごせるかもしれない。

■**洗濯**　本研究会では、洗濯は原則としてホテルの部屋において自分ですることにしている。これは、集団調査において全員がホテルのランドリーサービスを利用すると、あまりの量でホテル側に迷惑がかかるだけでなく、洗濯物がなくなってしまうこともあるからである。また実習の一環として、今後どのような地域や状況においても洗濯ぐらい自力でできるようにしておきたいという理由もある。

　自力で洗濯することを考えると、衣類は洗いやすく乾きやすい物を基準に選ぶとよい。ジーパンはかなり乾きにくいので望ましくない。洗濯を毎日行なうという前提に立つと、最低限着ていくものとその他に2～3セット用意すればよい。

　もちろん、調査が長期にわたる時や病気などの理由により、どうしても自分で洗濯をすることができない状況に陥ることがある。その場合、ホテルのサービス以外にも、地域によってはクリーニング屋が比較的安価に洗濯をしてくれることがある。

memo

写真7-2　ベトナム、ハノイにて。美味しい食事は調査の疲れを忘れさせる。

## 1.2. 食事

■**朝食**　2週間にわたる調査は、体力を必要とする。毎日、朝早くから調査に行くわけであるから、朝食を抜くことはバテに繋がるので、避けたほうがよい。

　朝食は、ホテルでも食べられるが、ホテルの場合毎日ほぼ同じ食事が出ることが多いので、もし近くに屋台などがあれば、外で食べるのもいいだろう。アジアの都市ではどこに行っても麺類は種類が豊富である。また、早朝にインタビューをする必要があり、どうしても食事をとる時間がないことも考えられる。その場合、バナナなどの携帯食を用意して

memo

おくといいだろう。

■**昼食**　昼食は、調査地の状況に応じ、村で食べることもあれば、近くの街まで戻って食べることもある。

　村で食事を出される時のために考えておかなければならないのは、出された物を全部食べるか否かということである。日本の場合、出された物はすべて食べるのが礼儀にかなっている。しかし地域によっては、出された物を少し残しておき、自分は十分に満腹したことを示すことが客として相応しい行為とされている場合もある。これらの食に関する慣習も事前に調べた方がいいだろう。

　また、昼食に限らず、インタビュー中にもいろいろな物を出されることがある。その中には日本では普段食べないような食材を使っていることもあるが、好き嫌いはせず、おいしいと言って食べることもインフォーマントとの会話を弾ませる秘訣である。

　村の方に毎日食事をお願いする際は、それ相応の代金を支払うようにする。特に集団調査の場合、人数分の食事を用意することは、経費の面でも手間の面でも、用意してくださる方々にかなりの面倒をかける。金額は、街の屋台での1食分よりやや高めの額を支払うようにしている。たとえば、北タイ調査時は、1人1食約300円で村の方に食事を出していただいた。

■**夕食**　夕食は、調査地近くの都市ないし町でとることが多い。夕食は、調査時における最大の楽しみの1つである。食事は条件によって異なるが、全員でとることもあれば、班ごと、ないし適当にまとまってとることも多い。街にいくつもの屋台があると、いかに安くおいしい店を見つけるかに楽しみを覚える参加者も多い。その面では、厳しいスケジュールで調査を行なっている中で、夕食は数少ない息抜きの時間と言えるで

memo

あろう。

　値段は、ホテル同様、国や地域、店の種類によってかなり異なるが、スランゴル調査時は、調査地から車で10分ほどの所にある街で、1人300〜400円で済ませていた。

　ちなみに、日常生活で足りない物を購入するのも、大体この時間である。食事をとれるような街には、一般店舗の他に、現地の人たち向けの小規模スーパーがあり、日用品の購入には困らない。それ以上のものとなると、ある程度大きな地方都市に行く必要が出るであろう。

　なお、人によってはどうしても現地食が口に合わないことがある。特に体調の悪い場合には、日本食など食べなれた物が欲しいこともある。そのような場合のために、携帯のできる日本食(乾燥粥など)を用意しておくのもよい。

　店を選ぶ上で注意すべき点の1つに衛生状況がある。一般にアジアにおける衛生状況は改善されつつあるとはいえ、下町の屋台の中にはあまり衛生状況の良くない店もある。そのような店の場合、あまり質の良くない食材や油を使用していることが多々ある。初めての国において見慣れない物を食べたいという好奇心に負け、そのような店に入ることは、胃腸の調子を悪くする原因となる。特に短期間の調査の場合、現地の人々が食べているからといって油断をせず、ある程度衛生状況の良い店に入る方が良いであろう。

■**飲料水**　熱帯地域での調査では、日射病・熱中症の防止のために、水分補給は不可欠である。アジアにおける水事情は改善されているとはいえ、水道水を飲用できる地域は少ない。

　ホテルの場合、水道水や部屋に備え付けの水を簡易沸騰器で沸かして、紅茶やコーヒーを入れたり、湯冷ましの水を飲んだりすることができる。だが、昼間、村や都市において調査している時に、水分を補給すること

memo

は困難である。アジアでは、比較的安価でペットボトル入りの水を購入することができる。そこで、調査中は、担当者を決め、参加者全員分のミネラルウォーターを購入し、毎日配るようにするとよい。

だが、たとえミネラルウォーターを飲んでいたとしても、水あたりによる下痢などにかかることがある。これは水が変わる時にしばしば生じる問題であるが、特に広域調査で毎日長時間の移動を強いられる場合、深刻な問題となる。そのような場合、魔法瓶とティーバッグを用意しておき、ホテルや食堂などでお湯をもらって飲むといいだろう。

なお、蛇足であるが、調査中飲酒は特に禁じてはいない。当然のことだが、翌日の調査に酒が残る人は飲まないようにしている。

## 1.3. 宿

調査環境を整える上で最も重要な点の1つが住環境である。人類学調査の場合、調査村に住み込むことが多いが、集団調査の場合、ホテルなどの宿泊施設を利用する必要がある。カウンターパートが大学の場合、その大学の施設等を借りる(有料)こともある。(宿泊施設の探し方→第2章　調査の準備)

ホテルを利用する時に問題となるのは、どの位のランクのホテルに宿泊するかということである。一般に、ホテルのランクは料金によって決まってくる。料金は国や地域の物価によってさまざまであるが、本研究会では、バックパッカーや安価で旅行をする学生が宿泊するような安宿は避けている。その理由として、第1に、慣れない農村調査では、日がたつにつれ、精神的・肉体的に疲労が溜まってくる。その際、ある程度落ち着ける宿があるのとないのとでは、疲労回復の度合いが変わってくる。第2に、調査では、測量機材やコンピューターなどの高価な品を携行するので、セキュリティーのしっかりとしたホテルに泊まることが必要になる。第3に、調査中は深夜までデータの入力作業を行なうし、度々

memo

全体でミーティングを行なうため、ある程度の人数の入れるミーティングルームを確保しなければならない。

　以下に、ここ最近の定着調査に用いた宿と、その価格(ツイン・ルーム一泊：当時のレートを日本円に換算)をまとめる。なお、広域調査の場合、ホテルの手配等が異なるので、別項で説明する(→第3章　広域調査)。

| 調査地 | 種　別 | 場　所 | 調査地からの距離 | 値　段 |
|---|---|---|---|---|
| ペ　ナ　ン | 大学寄宿舎 | ペナン郊外 | 徒歩30分 | 約1500円 |
| スランゴル | ホ　テ　ル | 付近の集落 | 車　約30分 | 約2500円 |
| 沖　　　縄 | 民　　宿 | 付近の集落 | 車　約10分 | 約4000円 |
| 北　タ　イ | ホ　テ　ル | チェンマイ | 車　約1時間 | 約2500円 |
| ハ　ノ　イ | ホ　テ　ル | ハノイ市内 | 徒歩15分 | 約2000円 |

## 2.　生活・健康管理について
### 2.1.　生活管理

　本研究会の調査では、通常、午前・午後にそれぞれ1軒ずつ、計2件の聞き取りを行なっている。本格的な調査を行なう場合は、よりタイトな調査を行なうことも必要だろうが、調査実習としては、現地生活に慣れるのにも時間がかかるため、比較的余裕のあるスケジュールを組むように心がけている。

　聞き取り調査やその後のデータ打ち込み作業を班ごとに行なうことは、前に述べた通りだが、日常生活も基本的にこの調査班が生活班となる。各班はインタビューを行なう4〜5人で構成され、調査経験者が班長を務めており、生活上の簡単な問題は班長を通じて対処するようにしてい

memo

る(→第6章　インタビュー)。

## 2.2. 健康管理

■**旅行保険**　本研究会では、参加者全員に旅行保険に入ることを義務付けている。最近のクレジットカードには海外旅行保険がついていることが多い。だが、アジアの病院ではクレジットカードの保険が効かない場合もあるので、専門の海外保険に入ったほうがよい。

　保険にはパックで入るよりも、個別に額を決めて入る方が効率的でかつ安くすむ。かけ方にもよるが、2週間の調査では、個別にかけた方が1000円程度保険料が安くなる。

　旅先では、普段どんなに健康な人でも病気にかかることがある。海外で病院を利用すると非常に高い。自らの疾病、入院等に関する保険には必ず入るようにした方がよい。なお、死亡保険に関しては本人に任せているが、博物館等にも入るため、器物破損に関する保険には入るように勧めている。盗難に関しては保険の対象にならないことが多いので、最低限の額でかまわないだろう。個人の荷物は自分で管理をすべきである。

■**医薬品**　調査中に最も怖いのは体調を崩してしまうことであり、医薬品は必ず用意していかねばならない。調査参加者には、常に使っている薬の他に、風邪薬と胃腸薬の持参をお願いしている。水が変わると、腹を下すことが多い。下痢止めは必携である。

　調査中の健康管理は、自己管理が基本である。集団調査の場合、個人的な体調管理と平行して、保健係を定める必要がある。保健係は、調査参加者全員の体調に気をつけると共に、調査団で購入した薬の管理を行なう。保健係は毎日保健ノートをつけ、誰が薬を取りに来たかということだけではなく、参加者の体調についてメモをとっておく方がよい。

memo

写真7-3　マレーシア、スランゴル調査にて。村で行なわれた結婚式に参列することに。新郎新婦とともに正装して列席する。

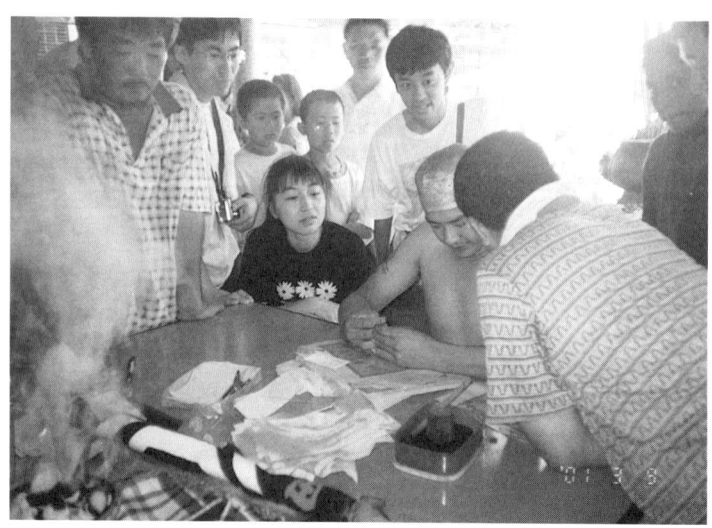

写真7-4　マレーシアの華人街にて。占いの結果はいかに。

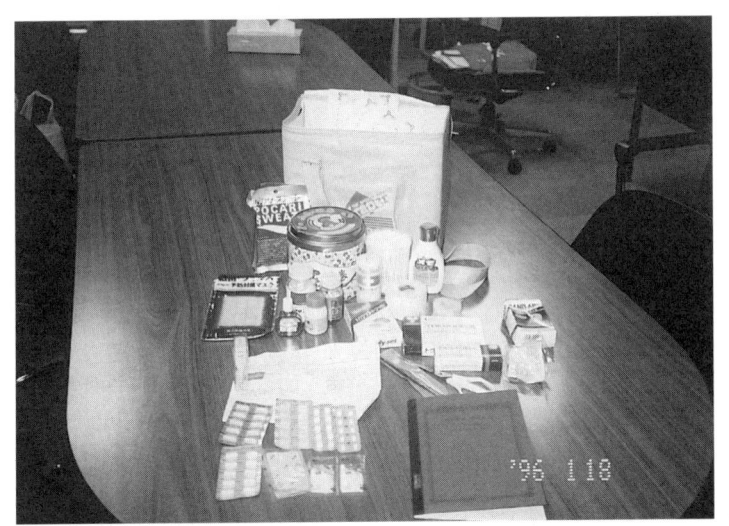

写真7-5 保健係の持ち物一式。胃腸薬、ビタミン剤、総合感冒薬と蚊取り線香は必需品。

《参考》救急箱の中身…風邪薬、解熱・頭痛・のどの痛み止め、下痢止め、腹痛止め、胃腸薬、体温計、マキロン、傷薬メンソレータム、キューピーコーワ、綿棒、ガーゼ、絆創膏、テープ(大・小)、包帯、湿布、虫除け、はさみ、蚊取り線香

2004年のハノイ調査では、ベトナムで鳥インフルエンザが流行した直後であり、SARSの危険性からも抜けていなかったので、これらへの対策として、うがい薬やマスク等も購入した。また、現地へ出発する前には、外務省のホームページ(http://www.mofa.go.jp/mofaj)から、

memo

鳥インフルエンザ情報や海外感染症情報を入手し、参加者にまわした。また、同省のホームページからは、各国での気をつけるべき病気の種類や、病院の場所、病院での症状の訴え方などの情報も入手することができる。

■**健康管理**　調査中は日本とは全く違う気候の中で動き回ることになるため、予想以上に体力を消耗して体調を崩す事態に陥りやすい。基本的には、疲れを感じたら体調を崩す前に休養をとるべきである。集団調査の場合、周囲に合わせて無理をしてしまうケースもあるので、メンバーがお互いの体調に気を配り、体調の悪そうな人は強制的にでも休ませたほうがよい。本研究会では常に、生活面においては同室者どうしが、調査中は同じ班の人間がお互いの体調に気を配るようにしている。

　完全に体調を崩してしまった場合は、すぐに病院に行ったほうがよい。特に、発熱・吐き気・下痢の3つの症状のうち、2つ以上が重なった時には感染症の危険があるので、入院が必要になる可能性がある。ただし、病院といっても、地域によって衛生環境にはかなり差があるのも事実である。村や地方都市では日本語の通じる病院はほとんどないが、各国の主要都市には日本語の通じる病院がある。事前に調べておくことをお勧めする。

　調査中に風邪を引いてしまうことはよくあることであるが、その場合注意しなければならないのが、調査団内での伝染である。ハノイ調査では、インフルエンザで発熱をしたメンバーがいた。この時、本人を病院に連れて行ったものはもちろん、全参加者にうがいの励行と、毎朝保健係に体温の報告を義務付けて、感染の防止に努めた。

memo

## 3. 調査中の金銭管理
### 3.1. 会計

　学生が調査を行なう場合、参加者からの参加費で調査に必要な経費を賄うことが多い。そのため、金銭に関わるトラブルは避けなければならない最も重要な問題の1つである。そこで調査中は、調査隊全体の金銭管理を行なう会計を定める必要がある（→第2章　調査の準備）。集団調査の場合、他人の金を預かり、しかもその金額が多額なだけに、会計にかかる責任と負担はかなり大きい。会計は、盗難による被害を軽減するため、現地通貨の他に、トラベラーズチェックや銀行カードなどを分けて持ち歩く方がよい。なお、銀行のカードに関しては、現地においてどの銀行が使えるかを調べておく必要がある。

　帳簿の作成や領収書の保管は、参加者への責任上必須であるが、その方法はその年の会計の方針に任せている。2003年3月の北タイ調査の場合、簡易的な複式帳簿を作成し、帳簿を以下のように分けた。

❶普通預金：通帳
❷現金：現金出納帳　　全体会計分（会計管理）
　　　　　　　　　　　団長分（団長管理）
　　　　　　　　　　　各班長分（班長管理）
❷全体の記録：元帳

### 3.2. 生活上の金銭管理

　会計は調査隊全体の金銭管理を行なうが、日常生活の金銭管理をすべてやるのでは負担があまりに大きくなる。そこで、本研究会では、日常生活上の金銭管理は班長を通じて行なうことにしている。会計は班長に数日分の食費などを手渡し、班長はその裁量で必要経費を支払う。班長は支払った項目とその費用に関し、独自に会計簿を作り、領収書とともに調査終了後に会計に報告を行なう。なお、食事は必ずしも班ごとにと

memo

るわけではないので、各人が自身の食事の領収書を班長に持っていき、その代金を受け取るようにしている。

　調査の団長もまた個人行動をとる場面が多く、各種の支払いを行なうことがしばしばあるので、団長に対しても班長と同様、事前に必要額を手渡しておくと、調査の運営がスムーズに行くであろう。(東條哲郎)

memo

# 第 8 章
# 調査後の過程

　本章は、調査の後にやっておくべきことについてまとめたものである。調査とは、データを集め終わった時点で終わるのではなく、適切な対応で調査地を去り、帰国後の事後処理を終えて、初めて終わったと言える。それが調査に協力してくれた人々への礼儀でもあるし、後に続く他の調査者への心配りでもある。

## 1. 調査地を離れる前に
### 1．1．調査結果を検討する
　アジア農村研究会では、インタビューをすべて終了した後で、調査地から離れる前に最終のミーティングを持ち、調査結果に関する討論会を行なう。集団で調査を行なう場合、多人数で議論ができるということが大きなメリットである。調査地にいる間にこうした討論を行なうのは、参加者の所属がまちまちなため、帰国した後では全員が集まりにくいということもあるのだが、調査地における感触を忘れないうちに結果について議論しておくことが重要と考えているためでもある。

　最終ミーティングで行なうことは、まず調査の結果明らかになった点を整理すること、そして、調査を行なっても不明なままだった点や調査の結果新たに浮上した問題点を列挙しておくことである。これは、その時の調査の限界を明らかにし、再度調査を行なう場合の参考にするためである。

### 1．2．調査地への挨拶
　調査地を去る前にやっておくべきことの中で最も重要なことは、調査

memo

に協力してくれた人々に対して何らかの形で謝意を表しておくことである。

　本研究会では、滞在の最終日に、少し大きなレストランに調査地の有力者とインフォーマントを招いてパーティをするのが慣例となっている。この時は、少しでも協力してもらった人は全員招待しなければならない。

　こうした席では、さほど格式ばる必要はないにせよ、それなりの式次第を考えておく必要がある。こちら側からお礼を述べるとともに、調査地の有力者の人々から挨拶をしてもらうが、席次や挨拶を頼む相手、順番には注意が必要だ。調査地が村落であったりした場合には、その内部における序列があり、儀礼的な慣習が存在している場合が多いからである。また、このような場は、用意したおみやげを渡すよい機会でもある（→第2章　調査の準備）。

　この最後の段階においては、調査地の人々とは、調査者と調査対象者という垣根を越えて、友人としてのつきあいとなっていることが理想であろう。もし再度その調査地で調査をする気がある場合は当然のことだが、そうでなくても、調査地の人々とは、今後いつでも訪れられるような関係を築いておきたいものである。

　逆に、調査者が悪い印象を残してしまうと、調査地の人々の「研究者」あるいは「調査」というもの自体に対する印象まで悪くしてしまうことにもなりかねない。そうなると、次にその地を調査しようとする人に迷惑をかけてしまう。調査は自分だけのためのものではない、ということは肝に銘ずべきであろう。

## 1.3.　帰国の準備をする

　調査を終える前には、調査地ばかりでなく、カウンターパートに対しても一席を設け、あらためて挨拶をしておく必要がある。カウンターパートに対しても、その場限りでなく、継続的な関係を保っておくことが

memo

写真 8-1　北タイ調査にて。調査終了後、村長宅前庭でパーティ。

必要である。本研究会の場合、カウンターパートに通訳の紹介を依頼することが多いので、通訳へのお礼もこれに兼ねることが多い。この他にも、調査に協力してもらった人々には、具体的な形でお礼をしておかねばならない。

　海外での調査を終えるということは、その国での滞在を終えるということでもある。引越しと同じように、生活の拠点を引き払うのであるから、帰国の段階になって慌てないよう、余裕を持った日程を組んでおきたい。

memo

## 2. 帰国後
### 2.1. 調査結果をまとめる

　帰国したら、できる限りすみやかに結果をまとめる作業を行なう。帰国してしまうと、そうした作業はついつい後回しになりがちであるが、調査の記憶が薄れないうちに結果をまとめておくことが重要である。

　具体的には、調査結果を報告書という形にまとめて、さまざまな方面に提出するのだが、結果をまとめてそれを社会に還元することで初めて調査は終了したと言える。

　最初は、調査で得られたデータの整理である。表計算ソフトを使えば、個人データを年齢順に並べ替えて世代と学歴の相関を調べたり、すべての人を出生地で分類した表を作ったり、世帯の平均収入を計算したり、といったことが簡単にできる。ただし、地名や人名などの固有名詞の綴り、数値の単位などが統一されていないとその作業ができないため、表記は統一しておくことが必要になる(→第6章　インタビュー)(→図8-1参照)。

　データの整理ができたら、得られたデータを分析し、調査の成果をまとめる。この時、インフォーマントや協力者のプライバシーに配慮することが大切となる。基本的に、すべての情報は個人が特定できないように加工すべきである。また、得られた情報の中には、表に出すべきでないものも含まれていることもある。公表することで、インフォーマントや調査協力者が不利益をこうむるような事態を招くことは絶対に避けなければならない。仮に面白い話が聞けたとしても、それがセンシティブな内容である場合には、それを報告書に盛り込むことは避けたい。ある情報を表に出してよいかどうかを判断するのは難しいこともあるかもしれないが、調査者としてはできる限り慎重に対処すべきであろう。

　さらに、報告書はその提出先によって性格も変わってくることにも留

memo

意すべきである。たとえば、相手国の政府から正式に調査許可を得た場合には、当局に対して報告書の提出が義務付けられる。この場合は、形式を重視し、あまりセンシティブな内容には触れないほうがよいだろう。助成金や奨学金を得た場合にも、その機関に対して報告書を出す必要が出てくるが、これも同様である。逆に、カウンターパートに調査結果を報告するような場合には、形式にはこだわらずに学問的な分析を中心にしたほうがよいだろう。各々の場合について、提出先が何を望んでいるかを踏まえて、報告内容を考慮する必要がある。

　調査地の人々に対しては、帰国後に手紙などの形で改めて謝意を表しておかなければならない。滞在時に撮った写真を同封すると喜ばれるだろう（→第6章　インタビュー）。そのためにも、少しでも調査に協力してもらった人には、忘れずに連絡先を聞いておくべきである。

## 2. 2. 次回の調査に向けて

　アジア農村研究会では調査の最後に反省会を持つ。これは、帰国後あらためて参加者が集まって、主に調査の運営面について反省点を話し合い、今後の調査に生かしていくためのものである。調査の準備や進め方については、調査が終わってみるといろいろと反省点が見つかるものである。1人で調査を行なった場合でも、調査過程での反省点を自分の中で整理しておくことは、次の調査の際に同じ過ちを繰り返さないためにも重要なことであろう。

　調査をこれから何度も行なおうと考えているならば、帰国は調査の終わりであると同時に次の調査に向けての準備の始まりであると考えるべきである。本研究会でも、回を重ねることにより少しずつ経験とノウハウを蓄積してきた。そうした長期的な視点に立ってきっちりとした事後処理を行なうことで、初めて1つの調査が完了したと言えるのではなかろうか。（坪井祐司）

memo

図 8-1 データをまとめ、加工する——ペナン調査、入力フォーマットをまとめたもの。表計算ソフトの機能により、縦軸と横軸を変換すると便利である。各質問項目についてのデータが縦に並ぶようになって見やすいし、ソートしたり、フィルターをかけたりといった作業がやりやすい。

| 0 | 1 | 4 | 4 | 4 | 5 | 5 | 6 | 6 |
|---|---|---|---|---|---|---|---|---|
| house number | date | individual | individual | individual | birth | birth | education | education |
| 0 | 0 | 2 | 3 | 4 | 1 | 2 | 1 | 2 |
|  |  | relation | sex | adress | birthyear | birth place | final level | final place |
| 0 | 10 | 42 | 43 | 44 | 51 | 52 | 61 | 62 |
| 34 | 980308 | e | m | lorong pekaka | 1931 | penang | primary school | nd |
| 34 | 980308 | w | f | nd | 1937 | penang | nd | nd |
| 34 | 980308 | d1 | f | nd | 1956 | penang | primary school | nd |
| 34 | 980308 | s1 | m | lorong pekaka | 1958 | penang | primary school | nd |
| 34 | 980308 | d2 | f | nd | na | penang | secondary school | penang |
| 34 | 980308 | d3 | f | nd | na | penang | primary school | nd |
| 34 | 980308 | d4 | f | nd | na | penang | primary school | nd |
| 34 | 980308 | d5 | f | nd | na | penang | primary school | nd |
| 34 | 980308 | d6 | f | nd | na | penang | primary school | nd |
| 34 | 980308 | d7 | f | nd | na | penang | primary school | nd |
| 60 | 980309 | e | m | lorong pekaka | 1921 | penang | bl | bl |
| 60 | 980309 | w | f | lorong pekaka | 1933 | penang | bl | bl |
| 60 | 980309 | d1 | f | na | 1956 | penang | primary school | penang |
| 60 | 980309 | s1 | m | kedah | 1958 | penang | primary school | penang |
| 60 | 980309 | s2 | m | sungai dua | 1960 | penang | primary school | penang |
| 60 | 980309 | s3 | m | nd | nd | penang | primary school | penang |
| 60 | 980309 | s4 | m | lorong pekaka | nd | penang | primary school | penang |
| 60 | 980309 | d2 | f | nd | nd | penang | primary school | penang |
| 60 | 980309 | s5 | m | nd | 1976 | penang | college | kuala lumpur |
| 60 | 980309 | s4s1 | m | lorong pekaka | 1992 | penang | kinder garden | bl |
| 60 | 980309 | s4d1 | f | lorong pekaka | 1994 | penang | bl | bl |
| 60 | 980309 | s4d2 | f | lorong pekaka | 1997 | penang | bl | bl |
| 37 | 980310 | e | m | lorong pekaka | 1933 | nd | bl | bl |
| 37 | 980310 | w | f | lorong pekaka | 1937 | penang | nd | nd |
| 37 | 980310 | d1 | f | georgetown | 1968 | nd | nd | nd |
| 37 | 980310 | s1 | m | nd | 1970 | nd | secondaly, form5 | nd |
| 37 | 980310 | s1s1 | nd | lorong pekaka | nd | nd | bl | bl |
| 37 | 980310 | s1s2 | f | lorong pekaka | nd | nd | nd | nd |
| 70 | 980311 | e | f | lorong pekaka | 1972 | penang | form2 | penang |
| 70 | 980311 | f | m | lorong pekaka | 1944 | penang | primary school | penang |
| 70 | 980311 | m | f | lorong pekaka | 1948 | penang | bl | bl |
| 70 | 980311 | fm | f | lorong pekaka | 1928 | Malaysia | nd | nd |
| 70 | 980311 | s1 | m | lorong pekaka | 1975 | penang | form3 | penang |
| 70 | 980311 | d2 | f | lorong pekaka | 1976 | penang | form3 | penang |
| 70 | 980311 | d3 | f | lorong pekaka | 1978 | penang | form3 | penang |
| 70 | 980311 | ffd | f | lorong pekaka | 1962 | nd | nd | nd |
| 70 | 980311 | ffs | m | lorong pekaka | 1958 | nd | nd | nd |
| 35 | 980314 | e | m | lorong pekaka | 1950 | sungai dua | form3 | nd |
| 35 | 980314 | w | f | lorong pekaka | 1953 | bayang lepas | primary school | nd |
| 35 | 980314 | d1 | f | air itam | 1972 | sungai dua | secondary school | penang |
| 35 | 980314 | d2 | f | lorong pekaka | 1973 | sungai dua | secondary school | penang |
| 35 | 980314 | d3 | f | lorong pekaka | 1980 | sungai dua | bl | bl |
| 49 | 980315 | e | m | lorong pekaka | 1946 | penang | form4 | nd |
| 49 | 980315 | w | f | lorong pekaka | 1948 | nd | nd | nd |
| 49 | 980315 | d1 | f | lorong pekaka | 1970 | penang | form5 | penang |
| 49 | 980315 | d2 | f | lorong pekaka | 1972 | penang | form3 | penang |
| 49 | 980315 | d3 | f | lorong pekaka | 1975 | penang | form3 | penang |
| 49 | 980315 | fs | m | lorong pekaka | nd | nd | nd | nd |
| 49 | 980315 | fsw | f | lorong pekaka | nd | nd | nd | nd |
| 49 | 980315 | fsd | f | lorong pekaka | nd | nd | nd | nd |
| 49 | 980315 | fss | m | lorong pekaka | nd | nd | nd | nd |

## 第 8 章 調査後の過程

| 6 | 6 | 7 | 7 | 7 | 8 | 8 | 8 | 8 |
|---|---|---|---|---|---|---|---|---|
| education | education | marriage | marriage | marriage | spouse | spouse | spouse | spouse |
| 3 | 4 | 0 | 1 | 2 | 2 | 3 | 4 | 5 |
| final year | educated years | yes or no | year | place | birthyear | birthplace | occupation | adress |
| 63 | 64 | 70 | 71 | 72 | 82 | 83 | 84 | 85 |
| 1944 | 6 | Y | 1954 | penang | 1937 | penang | 無職 | lorong pekaka |
| nd | nd | Y | 1954 | penang | 1931 | penang | 無職 | lorong pekaka |
| 1969 | 6 | Y | nd | nd | nd | nd | nd | nd |
| 1971 | 6 | N | nd | nd | nd | nd | nd | nd |
| nd | 12 | Y | nd | nd | nd | nd | nd | nd |
| nd | 6 | Y | nd | nd | nd | nd | nd | nd |
| nd | 6 | Y | nd | nd | nd | nd | nd | nd |
| nd | 6 | Y | nd | nd | nd | nd | nd | nd |
| nd | 6 | Y | nd | nd | nd | nd | nd | nd |
| nd | 6 | Y | nd | nd | nd | nd | nd | nd |
| bl | 0 | Y | 1955 | penang | 1933 | penang | bl | lorong pekaka |
| bl | 0 | Y | 1955 | penang | 1921 | penang | bl | lorong pekaka |
| nd | 6 | Y | nd | nd | nd | nd | nd | nd |
| nd | 6 | Y | nd | nd | nd | nd | nd | nd |
| nd | 6 | Y | nd | nd | nd | nd | nd | nd |
| nd | 6 | Y | nd | nd | nd | nd | nd | nd |
| nd | 6 | Y | nd | nd | 1969 | relau | nd | lorong pekaka |
| nd | 6 | N | bl | bl | bl | bl | bl | bl |
| nd | nd | N | bl | bl | bl | bl | bl | bl |
| bl | bl | N | bl | bl | bl | bl | bl | bl |
| bl | bl | N | bl | bl | bl | bl | bl | bl |
| bl | bl | N | bl | bl | bl | bl | bl | bl |
| bl | 0 | Y | 1963 | penang | 1937 | nd | nd | lorong pekaka |
| nd | 0.5 | Y | 1963 | penang | 1933 | nd | パート(レジ打ち) | lorong pekaka |
| nd | nd | Y | nd | nd | nd | nd | nd | nd |
| nd | 11 | Y | 1996 | nd | nd | nd | 会計士 | lorong pekaka |
| bl | bl | bl | bl | bl | bl | bl | bl | bl |
| nd | nd | Y | 1996 | nd | 1970 | nd | 会社共同経営者 | lorong pekaka |
| nd | 8 | N | bl | bl | bl | bl | bl | bl |
| nd | 1 | Y | 1971 | penang | 1948 | penang | 主婦 | lorong pekaka |
| bl | bl | Y | 1971 | penang | 1944 | penang | 建築労働者 | lorong pekaka |
| nd | nd | Y | nd | nd | nd | nd | nd | nd |
| nd | 9 | N | bl | bl | bl | bl | bl | bl |
| nd | 9 | N | bl | bl | bl | bl | bl | bl |
| nd | 9 | N | bl | bl | bl | bl | bl | bl |
| nd | nd | nd | nd | nd | nd | nd | nd | nd |
| nd | nd | nd | nd | nd | nd | nd | nd | nd |
| 1967 | 9 | Y | 1973 | penang | 1953 | bayang lepas | 主婦 | lorong pekaka |
| bl | 3.5 | Y | 1973 | penang | 1950 | sungai dua | コーヒー店経営 | lorong pekaka |
| nd | nd | Y | nd | nd | nd | nd | nd | nd |
| nd | nd | N | bl | bl | bl | bl | bl | bl |
| bl | 11 | N | bl | bl | bl | bl | bl | bl |
| 17 | 10 | Y | 1969 | penang | 1948 | nd | 主婦 | lorong pekaka |
| nd | nd | Y | 1969 | penang | 1946 | penang | 電気メッキ会社の共同経営 | lorong pekaka |
| 1989 | 11 | Y | nd | penang | nd | nd | セールスマン | |
| 1989 | 9 | N | bl | bl | bl | bl | bl | bl |
| 1992 | 9 | N | bl | bl | bl | bl | bl | bl |
| nd | nd | nd | nd | nd | nd | nd | nd | nd |
| nd | nd | nd | nd | nd | nd | nd | nd | nd |
| nd | nd | nd | nd | nd | nd | nd | nd | nd |
| nd | nd | nd | nd | nd | nd | nd | nd | nd |

# 第 3 部
# 実 践 編

第 9 章
## 上 海 調 査
川島　真

## 1. 調査の由来

アジア農村研究会は、1995年3月7日から15日までの間、上海市郊外にある松江県洞涇鎮花橋村にて調査を行なった[1]。参加者は32名、団長は吉澤誠一郎であった[2]。筆者は、副団長として中国側との調整役を担当した。

東北タイ、中部タイに続く上海での調査は、会員からの「中国ではタイで行なった調査ができないのだろうか？」という問いに始まった。本研究会の顧問的存在であった東京大学文学部の桜井由躬雄教授が上海社会科学院外事弁公室の知己に連絡をとり、94年春に同教授が現地を訪問した際に「話を進める」との返答を得て、実現に結びついていった。中国での農村調査については、無論戦前期の日本による調査があるが、戦後は中国大陸での調査が不可能になったため、アメリカの研究者が台湾や香港で農村調査を行なうことで、漢族社会にアプローチしていた。しかし、1970年代に国際関係が大きく変化し、1980年代にはアメリカの研究者が農村調査を行ないだしていた。しかし、90年代前半の日本の学界では、中国での農村調査の難しさが語られ、また個人的な関係の必要性が強調されていた[3]。そうした意味では、この調査もそうした「関係」の中で実現した面があるのだが、そのハードルが必ずしも高くないことを示していたものと思われる。

だが、これまでのタイでの調査、また第4回の台湾などでの調査では調査地域の大学に協力を依頼し、現地の学生と協力しながら調査を行な

---

[1] 本稿は、拙稿「アジア農村研究会・上海近郊農村調査報告（前・後編）」（『近きに在りて』27号・28号、1995年5月・11月、P.102-104、93-105)に依拠する。
[2] 具体的な参加者は、前掲拙稿「アジア農村研究会・上海近郊農村調査報告（前編）」参照。なお、本調査にはタイのアジア研究者（第1回、第2回調査で協力していただいたシラパコーン大学のポンペーン・ハントラクーン教授、ナルミット教授）も参加するなど、インターカレッジ、インターディシプリナリーという本会の基本は維持されたが、タイでの調査に比べれば参加者が減少した。これは中国への関心、また語学上の問題が原因と思われる。
[3] 現在から振り返れば、中国の研究リソースについては、常に「門の狭さと個人的関係の必要性」が強調されていた。これは档案史料（公文書史料）にも共通のことであった。このような「信じられていたこと」が日本の学界で氷解するには、相当の時間を要したものと思われる。

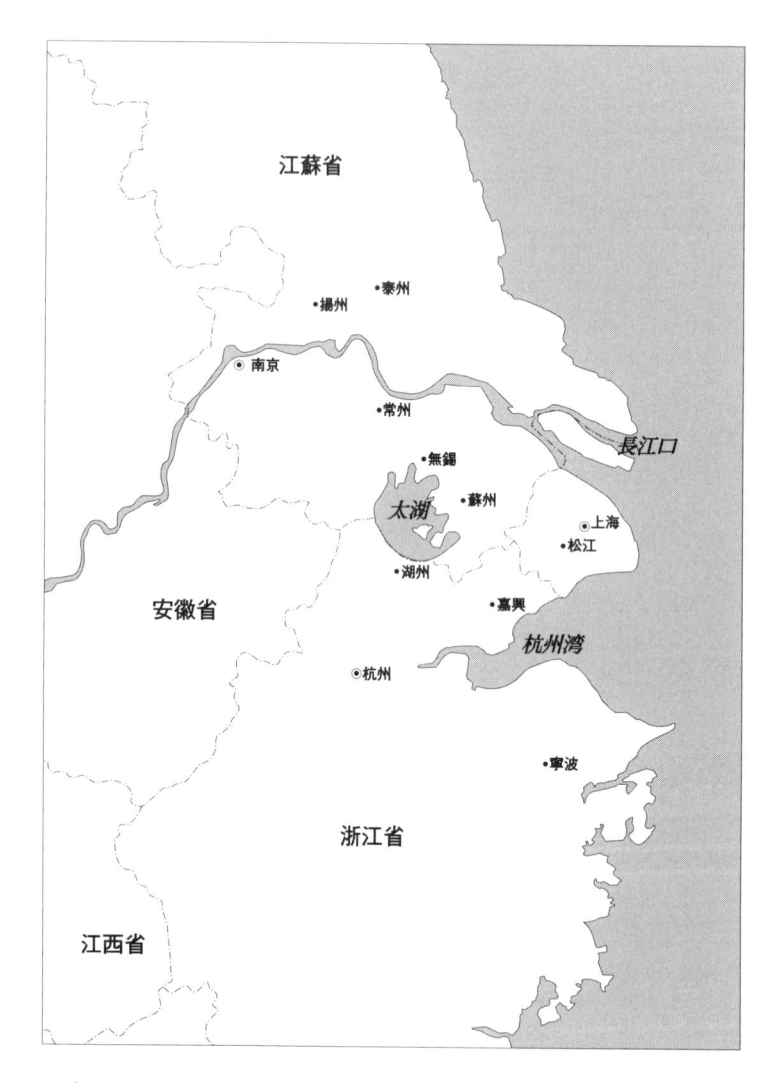

調査日程：1995年3月7〜15日
調査地：上海市松江県洞涇鎮花橋村
調査参加者：32名
調査対象戸数：42戸
カウンターパート：上海社会科学院

ったが、この上海調査では社会科学院という学術機関の外事弁公室との協力で調査を行ない、学生との交流という側面はなかった。なお、この活動は三菱銀行国際財団からの助成を受けていた(本会の第3回～第5回の調査が助成対象となっていた)。

## 2. 上海社会科学院との事前調整(許認可)

上海社会科学院から、上海市⇒松江県⇒洞涇鎮⇒花橋村と調整するには相当の時間を要した。本研究会と上海社科院の間も、当時は電子メールでのやりとりができなかったので、ファクシミリ(それでも高価)で調整を行なった。桜井教授は、当初から本研究会で採用していた基本的な方法である、「測量」+「全戸調査」を行なうと社会科学院側に告げてはいたが、その実現は疑問視されていた。天安門事件以後、中国との交流は現在よりも抑制的であったし、95年前後といえば、既に改革開放路線が軌道に乗った時期だとも言えるが、抗日勝利40周年で具体的な反日キャンペーンが実施され、他方で中央・地方関係において地方の自立性が強く、地方が自主的な方針の下に動きつつも、自主財源の確保に躍起になった時期でもあったので、どのような要求が出てくるか不安でもあった。

95年6月初旬に正式に申請書を送付した。「測量」+「全戸調査」という調査方法を前提とし、内容は農業とのかかわりや生活状況を中心とした「農村の都市化」におき[4]、調査地として松江県華陽郷東門村を希望した。ここは、Philip C. C. Huang, *The Peasant Family and Rural Development in the Yangzi Delta, 1350-1988*, Stanford University Press, 1990.で取り上げられた村落であり、戦前期には日本の調査対象となった土地であった[5]。なお、本調査は本格的な農村調査というよりも、今の上海近郊農村にとって何が問題なのかということを知るための「予備調査」であること、また調査方法を学ぶための学生の実習であるということを強調した。

9月になって松江県から調査受諾の回答があり、あとは上海市の許可を待つばかりとなった。そして12月には華陽郷東門村に調査地が決定、上海市からの許可も95年2月におりたのであった。だが、同月末、公

---

[4] 質問票については、村井寛志らを中心に研究会を組織し、検討が加えられていた。またHuangの著作や森正夫『江南デルタ市鎮研究』(名古屋大学出版会. 1992年)に関する読書会、また江南デルタの市鎮の専門家であった大阪大学の濱島敦俊先生をお招きして特別講義を開催したりした。

[5] たとえば平野義太郎「江蘇省松江県華陽村視察状況」(同『大アジア主義の歴史的基礎』1945年6月. p.205-219.)河出書房

共事業工事(工程)のために華陽郷東門村での調査は不可能なので、松江県洞涇鎮花橋村に変更すると伝えてきた[6]。それは調査開始10日前のことであった。調査を行なうことを第一義に考えていたこともあり、当方としてはこの変更を不服として調査を実行しないという選択肢を採ることはしなかった。

なお、先方とのやりとりについて、会内部の合意形成と交渉権限については十分留意しないと、先方との交渉はうまくいっても、会内で内容を支持されなくなる可能性もある。他方、情報共有については、電子メールが普及した現在は技術的に問題ないが、共有範囲については慎重に考えるべきだろう。特に交渉が面倒になり、即断を求められる時などは、危険であるので、留意を要する。

## 3. 村側との事前調整(具体的調査対象)

調査地が調査直前に変更になったこともあり、村側との事前調整が必要となった。また、直接希望を伝え、交渉することは「許可を得るための」事前調整とは別の、より実質的な意味を持つ。調査は3月7日からであったが、黒岩高と筆者が2月末にまず現地入りして、先方の村長らの手厚い(酒の)もてなしを受けながら当方の希望を伝え、3月1日に吉澤誠一郎団長、上海社会科学院の担当者(邵力群)が到着、県外事処の方々と花橋村を訪問、朱良才村長らと事前会合を持った[7]。場所は、朱良才村長が社長を務める「上鋼三廠松江工業搪瓷聯営廠」という郷鎮企業の事務所であった。この事前会合では(その後も)、本会でもっとも中国語に堪能であった安藤潤一郎、台湾人留学生の王詩倫が通訳や調整役とし

---

[6] このほか調査費用の問題が重要であった。当時は、国際会議をはじめ外国と共同で行事をする場合に、参加する外国人から一律300ドルを徴収するのが通例となっており、そのような要請が社会科学院からあったのだが、それを学生団体ということで100ドルに減免していただいた。しかし、それが社会科学院、上海市、松江県、洞涇鎮、花橋村という分配構造において、大きな問題となったようであり、結局は後に別のかたちで請求されることとなった。しかし、金銭というバーター材料を用いずに、先方と調整できたことは、大きな意義を有していたものと考えられる。本来ならば、農村調査を行なうために金銭を支払うことは一種のタブーであるはずであり、100ドルさえも支払うべきではなかったのかもしれない。中国との共同研究、共同農村調査では、しばしば金銭が問題となるが、外国の研究者が入るたびに「相場」が上がっていくのは後進のために弊害となっていくだろう。この調査の時も、「××年に××人研究者が××村で調査を行なった時には××ドル払った」などという話が頻繁に聞こえてきた。

[7] 村長は、村の小学校を投票所として実施される「選挙」によって選ばれる。朱村長は「労働模範」であり、北京にも招聘されたことがある。他方、村には党書記がいるが、本調査については村長が先頭に立って担当していた。

て獅子奮迅の活躍をした。筆者などの語学力ではついていくのが精一杯の上海語なまりの中国語がベースであった。

事前会合における問題の1つは調査対象であった。特に全戸調査という悉皆調査に近い形態を模索していた本会にとって、10の村民小組、戸数400戸、人口1500人の村落をわずか10日前後で全戸調査することは不可能に近い。調査日程は5日、班構成は4〜5人で1班として全体で7班編成となるのだが、各班が午前1戸、午後1戸訪問するとして1班につき1週間で10戸、7班全体で70戸が限度と思われたので、70戸前後がまとまっている地域、あるいは村民小組がないか探すことになった。

他方、調査地域における「測量」についても許可を求めた。測量を行なうのは、アジアの農村には正確な地図が多くないこと(あるいは公開されていない)、同時にインタビュー前に測量を行なうことで村民と同じ視点で村を歩くこと、そして訪問する戸の位置を、ハウスナンバーを付して確定すること、などの意味があった[8]。この測量については、村側から問題なく許可が下りた。当方が交渉上の難点になると予測した点と、実際に問題になる点が異なることがしばしばであった。当方が相手側の事情を十分に承知していなかったこと、経験が少なかったためであろう。

## 4．調査直前の儀式・調査内容再調整

3月4日、桜井教授をはじめ二十数名が上海に到着し、上海社会科学院などを表敬訪問、6日に松江県に到着、7日には県、鎮、村の首班らを表敬訪問した。このような「儀式」は、多くの場合、必要であり、到着時には先方が簡単な宴席(歓迎宴)を、調査終了時には当方が宴席を設ける(答礼宴)のが通例である。儀式は、顧問的存在である桜井教授にとってスピーチの連続となったが、そのキャリアと機転によって先方からの理解、親近感が大いに増したものと思う。ポリティカルな場では、スピーチで誰の名を挙げるか、何に感謝するかが、社交辞令としてではなく、実質的な意味を持ち、調査に大きな意味を持つものである。調査団の代表、引率者の重要な役割であろう。

他方、調査内容についても進展があった。当方が希望した「70戸前

---

[8] 中国では、詳細な「地図」は軍事および行政管理上の観点から公開されていない。当然、花橋村にも花橋自身の地図はなかったが、松江県档案館に地図があるとのことであった。また、台湾の中央研究院近代史研究所には、中華民国が作成した地図が所蔵されており、本会もその複写を持参していた。

後がまとまっている地域」については、それが叶えられなかったが、「新村」と呼ばれる 40 戸程度の地域が指定され、測量については全村において自由となった。「新村」はどの村民小組にも属さない幹部たちのための新住宅地であった。そもそも、インタビュー対象を「戸主」とし、調査[9]時間を平日昼間に設定している以上、「安排（アレンジ）」について村側に相当の負担を強いるものであった。まして、10 日前に決定した調査地であったから、村内部での調整も困難であったようである。また、この花橋村が、戸主が昼間も自宅周辺にて農作業をしているような村ではなく、それぞれが郷鎮企業や周辺の工場で仕事を持つような村になっていたということも、70 戸を対象とした全戸調査を難しくした 1 つの背景であったものと思われる。では、なぜ 40 数戸の「新村」は調査可能であったのかと言えば、そこが村側としても「外国人に見せたい」村の発展の証としての誇りであったということもあるが、同時に村の幹部や郷鎮企業の幹部が住み、村や企業の方針が行きわたりやすい地域であったということもあろう。

　また、70 戸の調査ができなくなり、約半数の 40 数戸になったことや、村落における事前調整の際に聞くことができた内容から、調査方法をあらためて調整した。調査内容については、状況にあわせて適宜調整していくことが必要だろう。その内容は以下のとおりである。

❶測量・村落地図作成
❷調査表に基づいた聞き取り調査＋データ入力（当日晩）
❸訪問した各戸の家族史の聞き取り
❹行政機関および郷鎮企業への聞き取り[10]

## 5. 調査の実施❶戸別調査＋家族史

　今回の調査は、実質的には、本研究会、社会科学院、花橋村、そして鎮外事処、県外事処の 5 者の調整によって進められていた。調査や会合には、基本的にこの 5 者が同行した。また、村の幹部が集住する「新村」ではまさに「先端的上海近郊農村」を対象とすることになった。そうする中で、「これは本当の中国農村ではない！」といった不満に近い意見が参加者から出てきていた。確かに、平均的な姿を求めることも重要であろうが、「そこにある」村の姿が、「そこにおいてそのように存在して

---

[9] 「調査」という語句は中国語としては問題があって、「調べられる」的な語感が伴う時がある。「訪問」などが適当だろう。
[10] こうした意味で、上海調査は「測量＋全戸聞き取り」という、「確実に言えること」を導くために想定された調査が「新村」部分でしか実施できなかった。

いる」ことを許容されている以上、やはり真摯にその姿を受け止めるべきではないかと筆者は考える。相手が見せたいものが「偽」であり、隠すものが「真」というわけではないであろう。

　戸別調査については、新村で42戸、175人分のデータを得ることができた。ここでは質問票＝調査票は紙面の都合で掲載できないが[11]、「農村の都市化」に即した農業関係の質問を基礎としつつ、家計調査も行なった。語学力などを考慮して7班構成（各班4～6人）とし、午前午後1戸ずつ訪問した。計算では4日で56戸、5日で70戸回れることになるが、同じ戸を2度訪問することもあったので、42戸となった。2度目の訪問の際には、データが不完全な部分や家族史についての聞き取りを行なった。

　聞き取りに際しては、調査票を暗記し、インフォーマントと会話をしつつ結果的に質問を網羅していく方式をとった。聞き手は1～2人で、あとは通訳、書記などで構成され、聞き手以外は聞き手に随時落ちている質問項目などを指摘した。データは、コクヨの「緑色の野帖」に記入し、ホテルに戻ってから、その日のうちに入力したが、直ちにデータ処理できる数値として入力したわけではなく、データ処理の基礎となる情報を表計算ソフト「ロータス」に打ち込んでいった[12]。現在の上海の発展状況からすれば不思議はないのだが、当時、当方が想定していた「都市化」の指標はどちらかといえば、過去のものであり、既に子供を留学させようとしたり、電化製品なども基本的に揃え（電気が通ったのは1963年）、自動車の次の消費財の購入を「新村」の村民は模索していた。また、都市部に流入することなく豊かな生活を都市近郊農村で実現できているのは、村の企業からの収入に寄るところが大きかった。だが、

---

[11] 前掲拙稿「アジア農村研究会・上海近郊農村調査報告（後編）」（『近きに在りて』28号．1995年11月）参照。

[12] データ入力の方法、事後のデータ処理方法（分担なども含めて）も十分に議論して決めておく必要があろう。特にデータ処理に直ちに利用するわけでない、ノート的な入力をする場合には、そうした分担や作業スケジュールの策定が求められよう。また、本来なら、作業終了後に、データを数値化して参加者に配布するか、ウェブ上に利用者限定で公開することが必要であったものと思われる。だが、このデータがあくまでも予備調査の成果であることや、学術的な利用に耐えられる確からしさがあるかという問題もあるので、公開、利用には慎重であるべきとの意見もありえる。データの利用権、利用方法、また成果の発表権、方法についても十分に議論しておくことが求められよう。なお、当時はメタデータ、ユビキタス的な発想は強くなく、数値化し得るものをデータとし、文章や画像を参考資料的に扱う傾向にあった。統計処理、情報処理学の進展とともに、調査のあり方も変容をとげることになった。

写真 9-1 「新村」の風景。近代的な家が建ち並ぶ。

写真 9-2 「新村」とは対照的な村の風景。

写真9-3　村のあちこちに大規模な水路が流れている。

「離農」しないことについては明確な回答がなく、いざという時の保険、また健康のため、という回答もあった。

　他方、家族史については、各戸それぞれについてデータがとれた。およそ3代前までの状況がわかり、移動が意外に少ないこと、一人っ子政策に対して「婿入り」や「病弱」で対応していることがわかった。また、戦争や文革についても話が出てきた。この部分は、「敏感」であろうと想定して、あえて調査項目に含めなかったのであるが、当方がむしろ敏感になりすぎていたのかもしれない。なお、家族史部分は、こちらは叙述(ディスクリプション)方式によってワープロソフト「一太郎」に入力した。だが、この家族史部分はデータ処理することはできず、あくまでも「参考資料」であった。

## 6．調査の実施❷行政・企業聞き取り

　村民の生活と村の行政、また村の企業との関連が緊密であること、また経済発展の牽引役としての郷(村)鎮企業への関心から、聞き取り調査を行なった。農村調査では、戸別調査のほかに村落全体の状況を把握するための行政聞き取りが求められる。対象は、花橋村村長、行政担当副主任、農業担当副主任、鎮の農業担当官などであった。

　村に対する聞き取りでは、村の組織、歴史、また主要な「村企業」で

写真9-4 村企業の工場内。ほうろうを作っている。

ある上鋼三廠松江工業搪瓷聯営廠の発展経緯と村との関係などについての聞き取りを行なった。解放後の整備・改革、文革期の混乱、79年以降の躍進と時代区分的には公式の歴史語りと変わらないものであったが、村長である朱良才氏の才覚と、自主的な判断で村・企業がともに発展してきたというストーリーができあがっていた。たとえば、搪瓷(ほうろう)についても、村長(兼社長)の判断で導入したものであるという。臨機応変の市場への対応が強調され、決して上からの指示でないとのことであった。95年前後はちょうど地方が中央に対して自主的であった時期であるから、その表れであったのかもしれない(だが、上海市が許認可を行なわないと中央に直訴に行くこともあったという)。また、外資系企業含め、大企業との関係、そして金融関係との関係も多様であり、どこかに一元的に結びついているわけではなかった、ただ、資金繰りについては苦しく、自転車操業であった。なお、天安門事件後の金融引き締めの影響は大きく、生産規模が半減した(従業員は9割以上を維持)。

　企業と村との関係は、村に年100万元の寄付を行ない、村の予算の大部分をこれが占めているということが物語っていた。鎮に対しては、企業から「管理費」を納めていた。

　村長兼社長は「資金不足」と「取引上のトラブル」を心配していた。村を背負っている企業の経営基盤の脆弱さは、村民の生活の基盤の不安

定さをも物語っていたからである。

## 7．調査の終了
　本会では、調査終了ののち、班ごとに報告会をするのを通例としていた。この場に社会科学院、村、鎮、県の関係者を招き、成果を共有しながら意見を伺う。また、前述のように、宴席（答礼宴）を設けて関係者一同を慰労するのも重要である。
　松江県を離れる当日の早朝、支払いに向かうと、ホテルの値段が跳ね上がっていた。値段表示のパネルの上の値段のところに紙が張られて、料金が2倍弱に修正されていた。尋ねると、既に数日前から値上げしていたが、張り紙をするのを忘れていたという。当然、こちらがチェックイン時に言われていた金額とは異なる。抗議に抗議を重ねたが、結局は先方の設定した値段通りに支払うことになった。手数料を300ドルから100ドルに減額させた結果、社会科学院以外の関係機関の取り分がほとんどなくなったためであろうことが後からわかったのだが、真相はいまだに不明である。だが、こうした金銭上のトラブルは、調査を行なう側が十分な資金を有していない場合、随所で節約をするので、結果的には避けて通れないものであると思われる。

## 8．後日談──2002年の花橋村
　実は、2002年初頭、北海道大学法学部のゼミ旅行で花橋村を再訪した。上海近郊農村の変化を花橋村の中に見出そうと考え、上海社会科学院外事弁公室を通じて訪問を申し込み、快諾された。日程は1日で、幹部や一部村民への聞き取りだけを予定していた。だが、社会科学院側からは「村の様子は以前と変わった」と言われていた。こちらは、「その変化こそを知りたい」などと応えていたのであるが、その「変わった」ことの内容に衝撃を受けることになった。
　花橋村は、村の3分の1が台湾資本の「青青旅遊世界」というリゾートホテル兼会議場（度假村）となり、朱良才村長はそこの副社長になっていたのである（形態としては「上海花橋現代化農業有限公司」が当該企業と合弁したことになる）。竜宮城のようなホテル、ゴルフのショートホール、果樹園、何もかもが再設計されていた（http://www.srts.net/shenzhou/Shanghai_qingqing.html）。上鋼三廠松江工業搪瓷聯営廠もあったが、その周辺は「みすぼらしい」地域となっていた。村周辺の導線はその「竜宮城」を中心に組み替えられ、インタビューを行なったのは郷鎮企業ではなく、ホテルに近い側の新しい村の事務所であった[13]。状況は大きく変わっていたのである。

いまや花橋村はホームページを持つまでになっている(http://www.china-dirs.com/business/factory/html/m06099/)。それによれば、本会の調査終了後、光星村を合併し、「上海市農業系統文明村」、「上海市級文明村」に指定されている。「中国郷鎮之星　洞涇鎮花橋村」は、上海付近の産業構造の変化に伴う郷鎮企業の衰退と共に見事に変貌を遂げ、自然食品を都市部の新中間層に売り、また数十万人と言われる上海周辺の台湾人を主なターゲットとした「度假村」となっていた。そうした意味では常に「先端」を走っている村である。これもまた、中国の農村の1つの姿であろう。

---

[13] 当該企業の利潤は、93年には600万元を超えていたが、2000年以降、80年代の水準150〜200万元にまで下がっていた。他方、健康食品などを生産していた上海高博特生活保健品有限公司のほうが年間30〜40%の成長を遂げていた。

第 10 章
# 台 湾 調 査
青木 敦・李 季樺

## 1. 調査概要

　この年のアジア農村研究会による調査(以下、台湾調査と称する)は、復興郷霞雲村を調査対象として、1996年3月、台湾で行なわれた。復興郷一帯は、日本時代には角板山と呼ばれ、この霞雲村はハブンとも称されるタイヤル(オーストロネシア語系原住民の1つ)の村である。産業としては観光、シイタケ栽培などが主であるが、都市部への出稼ぎが多い。この台湾調査について、本節では青木敦がその概要をまとめるが、フィールド調査の専門家の立場からのさまざまな所見については、次節で李季樺氏に委ねることとする。また筆者の参加歴は95年の上海調査とこの台湾の2回であり、本節では、簡単に上海調査との比較においても、コメントしたい。

　以下、「概要」を述べるに当たっては、筆者の記憶以外、概ね手元に保存してあった資料に基づいたが、なお多くを1997年3月31日発行のアジア農村研究会第4回フィールドワークレポート、アジア農村研究会編『台湾桃園県復興郷霞雲村調査報告書　本編』(以下『報告書』)に依って記述している。他の原稿との整合上、いちいち注記しないが、この『報告書』に原稿を寄せた川島真、李季樺、村上衛、宮下圭介諸氏の記事の内容に依っている部分もあることを謝して記したい。また、地図等を作成したメンバーの名を本稿では記すこととするが、その作業を助けた彼ら以外のメンバーの名を記すまでには至っていない場合があることを付言したい。いずれも、誤りの責任は筆者に帰する。また、青木敦「教会・山地民・伝統文化――霞雲村でのキリスト教会に関する聞取りメモ」(『アジア農村研究会通信』Vol.1, 2000)、同「長興村の状況――イバン・ユカン(イバン・ノーカン)氏へのインタビューの記録」)同)も同時に参照されたい。

### 1.1. 事前調査

　本書第2章で述べられているように、事前準備は欠かせない。95年10月からは、現地で交渉にあたる部隊とは別に、東京で在留者を中心に事前打ち合わせ、調査票の検討が精力的に重ねられ、特に96年1月からは、筆者が班長となる形で、事前勉強会を始めた。勉強会では黄俊傑、市南文一、石田浩諸氏の農業、農村経済などに関する著作を輪読し、

調査日程：1996年3月5〜18日
調査地：桃園県復興郷霞雲村
調査参加者：28名
調査対象戸数：27戸
カウンターパート：台湾中央大学

写真 10-1 調査地周辺の景観。かなりの山奥で、天候不順に悩まされた。

さらにさまざまな資料を時事的情報も含めて検討した。またメンバーの中の台湾人留学生である李季樺氏に、数度にわたって台湾語(閩南語)講座を講じてもらったが、言語については一項を設けて後述する。なお、最終日には、李氏の中央研究院時代の豊富なフィールド調査の経験を踏まえ、フィールドの要点を語ってもらった。そこでは「参加観察」と「参与観察」の差、「入境随俗」の精神、記録の際にインタビュアーとインフォーマントの言葉を混乱しがちであることへの注意、質問の際の自然な会話の雰囲気の重要性などが、指摘された。

一方、2月14日には、タイヤル出身の政治家で、当時東京大学教養学部に留学していたイバン・ユカン(イバンノーカン)氏を筆者らが訪れ、この地域のタイヤルの概要を聞き、我々が調査を行なうことになる霞雲村が、ヤウハブン、ハブン、シケイと分かれるグループの、ハブンの名に由来することなどの知見を得た。そのほか、最終段階では装備品の点検、カウンターパートである中央大学へ寄贈する数々の書籍の準備などを経て、調査に臨んだ。

## 1.2. 日程

準備段階のカウンターパート選定、交渉からの実務は、川島真氏ら学生が中心となって行なった。95年4月段階で、協賛相手として中央大

学歴史研究所、台湾大学農経系の2ヵ所が浮上し、フィールド経験が多いと考えられた前者を選択した。その後同年7月24日に、川島真氏らが同研究所所長頼澤涵氏、同所教授張勝彦氏らと会談、合意した。

　本隊による調査は、96年3月5日夜、中央大学に入ってから、打ち上げのパーティが行なわれた16日夜までの実質12日間である。もちろん、先遣隊はこれより早く現地入りしており、さらに交渉のために、川島氏らが数度、渡台しており、全体では1年半余の準備期間があった。

　事前に予定した日程では、

　　　5日　　　　　　現地入り
　　　6日　　　　　　中央大学との顔合わせ等
　　　7日　　　　　　測量講習会、調査方法・内容に関する説明等
　　　8～9日　　　　測量、地図作成
　　　10～15日　　　戸別訪問
　　　16日　　　　　中央大学での討論会、パーティ
　　　17日　　　　　台北観光
　　　18日　　　　　帰国

となっていた。しかし、当初中央大学から復興郷への連絡がほとんど取られなかったなどのトラブルがあり、一時は現地でカウンターパートの変更すら考えられたが、結果的にはほぼこの通りの日程で作業が行なわれた。

## 1.3. 測量・作図

　測量は、予定通り8、9日の2日で行なわれ、台湾側の学生の参加もあった。途中、雨にも見舞われたが、私が参加した95年の上海調査同様、手際よく行なわれた。それによれば、霞雲台地は、N42°48′58″ E121°23′4″に位置し、標高約400m、村内の標高差は20m前後である。金暖、志継、佳志、庫志等の各部落からなるが、佳志、志継は台地東北の斜面にあり、標高は霞雲台地より100～180m高い。地図は村上衛・相原佳之両氏の作成になる、「霞雲村霞雲大地住居図」「霞雲村佳志部落住居図」「霞雲村志継部落住居図」「霞雲村金暖部落住居図」「霞雲村庫志部落住居図」にまとめられた（第4章を参照）。測量が終了した3月9日に新たに作成された日程表では、10日に「大会議」（司会は青木・吉澤）が開かれることとなった。

　この会議の次第は

❶クエスチョニア（調査票）検討会（長友）
❷スケジュール問題（村井）
❸測量報告（平野・村上）

❹村の見方(桜井)
❺タイヤルの家に入るにあたって(李季樺)
❻自由発言

となっている。この段階の日程表では、上記予定表より1日遅れの11日より、戸別訪問が始められている。

## 1.4. 班編成

聞き取りは、共通のフォーマットを有する調査票に基づく質疑応答と、細かい点について、文章化して記録を残すディスクリプションの二面において、行なわれた。これに先立ち、平野聰氏により「各戸戸長表」が作成され、空き家も含め、それぞれの家に(1)〜(34)のハウスナンバーが振られ、7つの戸別調査班が各戸を漏れなく訪れる手はずが整えられた。電話などによるインタビューのアポイントメントは、手分けしてほぼ毎夜、行なわれた。

班編成は調査の進行に応じて改変されたが、現地で随時作成された数件の資料を総合すれば、

【戸別調査班】

|   | 班長 | 日本人構成員 |
|---|---|---|
| 1 | 青木 | 岡江・國谷・松永 |
| 2 | 安藤 | 中嶋・井上 |
| 3 | 木村 | 山内・松井 |
| 4 | 黒岩 | 岡崎・松沢 |
| 5 | 平野 | 村上 |
| 6 | 村井 | 菊池 |
| 7 | 吉澤 | 加藤・濱島・宮下 |

【遊撃隊】

| 桜井 | 李季樺・王詩倫 |
|---|---|

【司令部】

| 川島・古市・長友 |
|---|

となっており、更に各班に台湾人学生がついている(姓名省略)。遊撃隊とは随時各班を回って指導する部隊であり、桜井教授がヘッドとなっ

た。しかし、班構成は調査の進展に随して適宜改変された。たとえば、「3月15日班構成」と題された文書においては、上記の戸別調査班は青木班、吉澤班、黒岩班、木村班に整理され、霞雲台地に派遣される測量班として村上以下2名、新たに設けられた特別班として佳志派遣、庫志派遣、郷公所派遣、村長聞取り、の4班が新設されている。さらに各班に特別な任務が与えられることもあり、筆者率いる青木班は、ハウスナンバー①、②の教会の調査に当たるなど、村内のキリスト教の状況についての調査を重点的に命ぜられた。

筆者の記憶では、聞き取りは予定通り15日までに終了し、中央大学−日本側を交えての、16日の大宴会に臨むことができた。宴会では、長年外交関係に携わってきた人物に司会を兼ねたような通訳として活躍してもらい、何かとぎくしゃくした中央大学と日本側との関係を修復するのに役立った。

## 1.5. 測量および戸別聞き取り調査所見

以下、筆者の体験に基づいて記したい。台湾の国民1人当たりGDPは当時約1万2000ドル強であり、3万ドルを超える日本ほどでないにせよ、全国平均約800ドルと言われる中国(上海付近は1000ドルを優に超えると言われる)と比べれば、霞雲村の生活は豊かだ。自家用の自動車・オートバイ保有率は7割以上であり、どの家庭にもほぼテレビ、冷蔵庫、電子レンジといった基本的な家電が備わっている。村内の道路は舗装され、筆者の班が舗装道路が延びている端の家の前で測量をしていた時には、そこの家の人が出てきて、「また道路が延びるのか？」とたずねられ、我々が役所や建設業者ではないことを説明した。ただ、日中は近くの中壢市へ働きに行く人々も少なくないようで、村内でそれほど自家用車を見かけず、また働き盛りの人々と会うことも少なかった。

測量は、雨にたたられて苦しいものであった。皮膚が濡れれば、急激に体力を消耗する。ほぼ4時間睡眠が続いたから、日本人参加者のほとんどは発熱・疲労などで順番に倒れ、一日宿舎のベッドで寝込んでから戦線復帰した。消化系の不調に苦しむものも多かった。また、筆者は「子供と犬担当」でもあった。犬や子供を危険にすることはできないので、比較的測量に慣れない筆者がその対処係に当てられたのである。測量の邪魔にならぬよう、元気な子供の相手をし、また喜んでくっついてくる子犬を山の上の家まで抱き上げて運び、追ってこないように全速力で戻るという体力を消耗する作業に明け暮れた。フィールド調査ではこうした配慮も欠かせない。台湾は特に犬の目立つ国であり、犬対策は重要である。

写真10-2 グラウンドで遊ぶ子供たち。我々に興味を抱いて近づいてくることも多い。

　聞き取りで特に記憶に残っているのは、教会家庭である。戦後、原住民は教育、福祉等の面で取り残されてきたが、その間隙を埋める形で、特に連合軍の経済援助を背景に、キリスト教会が原住民の間にかなり普及した。そのこともあり、今日原住民のキリスト教比率はきわめて高くなっている(霞雲村でもほぼ全家庭)。霞雲村にはA、B、Cの3教会があり、順不同で長老派、中国系の真耶蘇会、日本の「ものみの塔」と深くかかわる教会、という系統のものである。筆者の班は教会を集中的に訪ねることとなり、終始不在であったCを除き、A、Bからはいろいろ話を聞くことができた。聞き取りは調査票以外にも、状況に応じて適宜行なうものであるから、教会関係者には設立当時の事情や財政状況、他の地域との交流などについても尋ねた。また教会に限らないことであるが、やはりインフォーマントによって、気が合う、合わないがある。この点をどう克服するかは、フィールド研究者にとっては非常に重要だ。教会関係者の中にも気が合わない人がいたが、結局は調査者側がいかに謙虚な気持ちになれるかという点にかかっているように思われる。また、AがBに対して、わずかに競争意識ないし優越感を持っているようにも感じられた。

写真10-3　村にあるキリスト教会の1つ。

## 1.6. 言語

　今回の調査地はタイヤルの村であり、事前学習で挨拶程度のタイヤル語は勉強していったが、ほとんど出番はなかった。しかし、郷政府がもてなしてくれた時に、酒の席で現地の役所の方がタイヤル語の挨拶などを教えてくれ、我々は一応やっているものだから飲み込みが早く、話が盛り上がったという利点はあった。

　実際の調査で使われたのは、すべて中国語と日本語であった。特に、筆者が訪れたいくつかの家庭では、夫婦の出身部族が違うために、互いの母語が通じず、日本語を共通語としていた。しかし、ある夫婦が日本語と称して話している言葉が、我々にはほとんど聞き取れない。当時50歳代の夫婦であったが、正式な日本語教育を受ける機会がなく、夫婦の間で変化していったものであろう。彼らとは、中国語を交えて聞き取りを行なった。余談だが、その夫のオートバイが「野狼」という、台湾では有名なブランド。しかしこのブランドを知らなかった私が、とりあえず手帳に「野郎」(同発音)とメモしたのを彼らが見て、大笑いになった。やはり、「野郎」という日本語は、十分通じるのである。

　それでも日本語はかなり通じ、40歳代の客家(広東系のエスニックグループ。福建系より少数)のバス運転手も、積極的に話すことはなかったが、両親・親戚が多く日本語を話すので、ある程度はわかるという。

また用足しに駆け込んだ村の学校で、30歳代と思しき女性に、トイレを借りていいかと日本語で尋ねたところ、日本語で対応してくれた。親が日本語世代なら、かなり通じるようである。

だが、台湾では周知のように、多種多様な言語が話されており、時代により大きく変化している。たとえば、調査時と、9年を経た本稿執筆時を比べるならば、台湾において植民地時代に習得した日本語を話す老人の数は、確実に減った。日本語世代が社会の第一線から退きつつあるのが、現在である。では、中国語(台湾では「中文」、「北京話」、「台湾国語」などとも言われる)がより多く聞かれるようになったかといえば、実はそうではない。

2005年現在、台北でも人々は台湾語(福建出身の人々の言葉。台湾人には客家や外省人〈日本植民地支配終了後大陸より国民党とともに来た人々〉、原住民もいるが、台湾で「台語」というのが一般的なので、本稿でもこう称する。「福佬話」、「台湾話」「閩南話」とも言う)を使うことが非常に増えた。街角で買い物をする時、外省人や客家でさえ台湾語を話すし、中国語で原稿を読んでいるテレビのアナウンサーが、ゲストと話す時に突然台湾語になる。こうした状況は、調査を行なった9年前では見られず、当時は若い女性が台湾語を話すことは野暮だと考えられていた。だが、変化は台湾語の拡大だけではない。英語が多く混じるようになり、老人でさえ、台湾語や中国語で話しているさなかに「OK？」と言う。一方、日本語世代が退陣しつつあるのとは裏腹に、日本語起源の語彙が非常に増えた。たとえば「多桑(とうさん)」「欧吉桑(おじいさん)」「便当(べんとう)」などが植民地時代から使われているのに対し、ここ数年、メディアの発達で「人気」「定食」「奇蒙子(きもち)」「かわいい」などといった言葉が、日本語と同じ意味で使われる例が見られる。「かわいい」は8年前でも通じたかもしれないが、その他は通用しなかった。

このように、台湾の言語は急速に変化しつつあり、現在言えることが将来にわたって通用するとは限らないのであるが、フィールドにおける鉄則があるとすれば、相手を不愉快にさせないということだ。特に、日本における中国語教育は、中国の、しかも北京の言語が中心となっている。今回はタイヤルの村だったからそれほど深刻ではなかったが、二二八事件やその後の弾圧の記憶が残るインフォーマントに対し、外省人しか使わない懸絶音やアル化音を交えて話したら、反感を買う。北京風の中国語しか話せない日本人は、台湾に言ったら日本語や英語で通すべきであり、それで通用しないならむしろ筆談のほうが良いかもしれない。もちろん逆に、たとえば故郷の大陸を懐かしく思っている外省人の老兵がインフォーマントであれば、大陸風の発音を快く思い、話も弾むであ

ろう。それでも、彼が共産党を快く思わないのであれば、共産中国特有の語彙は使わないほうがいい。タクシーを「出租汽車」、バスを「公共汽車」(台湾ではそれぞれ、計程車、巴士)という類である。1を「ヤオ」、ビデオを「録像機」、ソフトを「軟件」、スターバックスを「星巴」というたぐいも中国風であって、台湾では通じないか、不愉快な思いをされる場合が多い。「わかりました」を「明白」とか「了解」とか言うのも実は中国風で、台湾ではほとんど言わない(「知道了」と言う)。こうした中国語しか勉強してこなかった場合は、たとえば英語(video, software, Starbucksなど)を交えて話すことで、問題を回避できる。もちろん日本語が通じるなら、それに越したことはない。筆者自身も、最初は中国風の中国語を勉強していたので、これまでにずいぶんと台湾人に嫌な顔をされた経験がある。

　筆者はほとんどできないが、現在の台湾では台湾語はできるに越したことはないようだ。特に台南に行って台湾語ができないのは、かなり不自由だ。筆者はほとんど台湾語を解しないが、調査中ある時、バスで中央大学の学生が我々日本人学生の日本語の会話を聞きながら、台湾語で「わかったか?」「いやわからない」とヒソヒソ話しているのがわかり、彼らが少しは日本語を解することを知った。似たような経験は何回かある。話せなくとも、少し勉強しておくと、相手の意図を知ることができる。

　要するに、円滑なコミュニケーションを図るためには、相手がどのような話し方を好むかを、見きわめることが大切である。これは台湾に限ったことではなく、学校で習ったアメリカ英語をイギリスで振り回しても歓迎されないのと同じである。

## 1.7. 機材と聞き取り

　本研究会の方法論としては、基礎に調査票があるが、現実に何らかの考察の材料となりやすいのは、ディスクリプションである。『報告書』には何人かの参加者が記したレポート(暫定的な印象録)があるが、多くはやはり調査票の分析でなく、ディスクリプションから再構成されている。研究会として、録音などのAVメディアを使わない分、当日記憶が正確なうちに記録を残すことが特に重要になる。この点から、装備品に関して少し触れたい。

　台湾調査では、装備品として、かなり分厚く大きなラップトップパソコンを6台搬入した。性能は、本稿執筆時点である9年後の現在、同価格帯マシンは、大雑把に言ってCPUクロック周波数で約100倍、メモリ容量約200倍、ハードディスク容量約1000倍になっている。当時は

インターネットに接続する機能もなく、ただ表計算のデータ入力と、テキスト形式の文章入力だけだったが、6台を苦労して持っていった。筆者の印象では、調査票の基礎データは、しっかり整理すれば、帰国後入力してもいい。しかしディスクリプションは当日の方がいい。もし手書きだったら、4時間睡眠というぎりぎりの状態でのディスクリプションのメモは、さらに簡単なものとなっていたであろう。当時としては、これが最善の選択だったに違いないが、PDAなどが利用できればベストだろう。

## 1.8. 上海調査との比較──自分を守り、インフォーマントを守る

　筆者は、前年（1995年）上海調査を含め、中国での現地調査の経験もあるので、それとの比較の上に台湾調査について気づいた点を、随意に述べたい。なお、筆者は中国と台湾以外ではフィールド調査の経験がなく、この両者の比較においてに述べるにとどまる点を、読者諸氏は十分に了解されたい。

　中国での調査では現地調査には特有の困難が伴う。カウンターパートなどから強い干渉が入るし、インフォーマントもなかなか真実を語らない。95年上海調査の時も中国側に監視の姿勢が見られ、たとえば随行者が上海方言を正しく「普通話」（中国で言う共通の中国語）に通訳してくれているのか、はなはだ疑問を感じた。通訳がインフォーマントの回答を遮って、インフォーマントの回答より長く話したりしたからである。また、1993年春に筆者が上海の嘉定県において調査に参加した時は、現地の村政府が選んだ年配のインフォーマント数人への聞き取りを行なった。この時は主に信仰など宗教関連について聞いたが、やはり民国時代までの話に重点が置かれ、現政府になってからの宗教事情については、率直に質疑回答を行なうことは憚られた。インフォーマントが楽しく話し出すと、質問者である我々が口を出す余地がなかったようなこともあるが、話題にさまざまな制約があったのは事実である。傾向性として、質問に対しては、答えないか、自分の利益になる答えをするのであって、真実を伝えようという思考は薄いように看取できる。上海調査の際、筆者が調査地の花橋村における「一人っ子政策」への対応を探ろうとした時には、それまで友好的だったある村幹部の態度が一変し、「そんな質問が君たちのためになると思うか」と脅迫めいた露骨な表現で拒絶された。中国側が外国の現地調査の研究者に対して期待するのは多くは最終的には金銭であり、情報提供の義務感は希薄だ。

　また中国では、インフォーマントが当局の不興を買う危険を冒してまで外国人研究者に協力するなど、常識的に考えられない。中国では盗聴・

尾行・目に見えない監視のネットワーク網が常に存在すると考えた方がよく、筆者も以前、北京からの国際電話が盗聴されていることを確信したことがある。北京や上海のホテルの電話が盗聴されているのはビジネスマンの間では常識だし、特に高級ホテルには室内に盗撮装置があると考えて行動するというのも、常識に属する。また尾行も悩みの種だ。筆者は、日常不注意なところもあり、尾行になかなか気づかない性格で、同行の人に指摘されて初めて気づいたことがある。少なくともこのような環境ではインフォーマントが自由に質問に答えてはくれないし、仮に答えてくれたとしても、内容によってはインフォーマントに後に危険が及ぶ可能性がある。盗聴に関しても同様で、インフォーマントを特定できるような話題を電話ですることは避けなければならない。我々のフィールド調査がけっして調査対象・情報源を危険に陥れることのないよう、中国などでは十全の配慮が求められる。

　もちろん台湾は、日本と同様、もはや完全な民主国家であって、フィールド調査においてこのような危険・困難は存在しない。警察や情報機関などが情報を収集することはあるかもしれないが、犯罪に絡むようなことでなければ、それでインフォーマントに累が及ぶことはない。96年のある日東京池袋で、長年国民党支配に立ち向かってきた独立運動の老活動家を訪ねた。彼の自宅兼中華料理屋は、数十年間常に国民党スパイの監視下にあった。筆者が話を聞いている間も、離れたテーブルでこちらを窺いながら料理をつつく不審人物2名がいたが、彼らは帰途についた筆者を尾行してきた。だが国民党がスパイを使って反政府的な人物相手に露骨な形で監視を行なっていたのは、そのころが最後であって、特に彼は国民党にとって最重要人物であり、それ以後はこうしたことはなくなった。

　台湾において特有の困難があるとすれば、そのような政治的な危険ではない。むしろ彼らがしばしば、時間にルーズなことと、安請け合いが多いということだ。この「安請け合い」には研究者のみならず、ビジネスマンもとまどっている。台湾の人は親切で、かつ気が弱い面があるのか、「大丈夫、結構です(没有関係、没問題、ＯＫ)」を連発する。だがやはり、本当に大丈夫なのかは、しつこく確認してゆかなければならない。

　少し他国の非を並べすぎてしまったが、我々自身、海外において非常識な行動で関係に悪影響を及ぼすことが、しばしばある。たとえば、日本人はしばしば、多くの台湾原住民と同様、酒癖が悪い。酒は自分が客であれば、勧められた時に遠慮しながら飲むものだし、主人であれば客が楽しめるよう、勧めながら飲むものだ。勝手に痛飲して酔いつぶれる

などもってのほか。特に漢族の前で、酔ったそぶりは見せない方がいい。あまり接待されてばかりではいけないが、客となった時は、こちらがいくら多数であっても、勝手に騒いで楽しんだり話の主導権を握ったりしてはいけない。あくまで神妙にしているべきなのだ。日本人はしばしばこれを忘れる。もっとも、アジア農村研究会においては、このようなことはほとんど見られなかった。

　また特に台湾に限って言うなら、偏った政治思想を持ち込む研究者がしばしば見られる。日本の植民地支配に対する贖罪意識が過剰なあまり、年輩世代の「懐日」を含めあらゆる親日感情を拒絶したり、また逆に、日本の植民地支配が恩恵ばかりであったと勘違いし、恩着せがましいことを言う人がいる。外国というと中国しか知らずに、台湾で何かと中国の話題を出して、相手を不愉快にさせるケースもしばしばある。自分の思想や趣味は抑えて、相手の話に耳を傾けなければならない。

　台湾調査は、さまざまな意味で刺激的だった。独自の言語状況、歴史の痕跡。そして村の経済・人脈が、かなり広域のネットワークに組み込まれていることも、調査を通じてわかった。特にそれまで中国でのフィールド経験しかなかった筆者にとっては、方法論的にも結果的にも、目から鱗が落ちる感触だった。しかし、中国のように権力と金銭に縛られない分、村での調査には、研究者の姿勢が大きく影響してくる。教訓めいた言い方をすれば、謙虚さ、誠実さ、口の堅さ、思いやりといった、子供の時以来求められ続けている徳目が何より重要になってくる。そこには、「学のある」大学人が、「無学な」農民を相手にするという、権力関係を中和している面もあるだろう。筆者はこうした人徳の至らなさで、多くの好意を裏切ったり、迷惑をかけたり、国の恥をさらしたりしてきた。その罪を贖いたい一心から、本書の読者には同様の過ちを犯してもらいたくないと考え、最後に強調した次第である。（青木　敦）

## 2.　台湾調査雑感——台湾人研究者の視点から

　今回の調査は、筆者にとってさまざまな意味で有益であった。第1に、桃園のタイヤル地区の調査は今回が初めてであり、この地域の状況を知る良い機会となった。また第2に、日本人の考え・行動を知る上で、非常に興味深かった。ことにこの第2の点について言うならば、現地の中央大学の学生も、アジア農村研究会の「軍隊のような」組織性に驚嘆していたし、私自身が来日以前に調査に従事していた際にも、先生—弟子という関係はあっても、フィールドワークにおいては台湾では個人プレーが基本であった。これに比べ、30名を越える若者がそれぞれ役割を

写真10-4　常に調査地に対する謙虚な気持ちを忘れないようにしたい。

与えられて動く様子には、驚いた。特に村内地図の作成などにあたって、こうした組織性は力を発揮する。

また一方、筆者がこれまで行なってきたフィールド調査との相違点も新鮮だった。1つの村の全戸調査という調査方法は特色あるもので、1つの地域の全体像を描こうとする時には、非常に有効であろう。そして、そのためには、このようなある程度の規模の組織的な調査が有効であるに違いない。

## 2.1. フィールド調査と文献調査

今回の調査を、筆者なりに振り返るために、以前、中央研究院台湾史田野研究室に在籍していた時代にしばしば行なった、原住民諸地域などでのフィールド調査と比較してみたい。田野研究室での調査は、たとえばインフォーマントらが所蔵している清朝〜日本統治期の契約文書、系譜（家系図）等を発見し、理解を得て研究に提供してもらう目的で行なわれた。こうしたフィールド調査は、数人——10人を越えることは少ない——規模で現地に入り、長い時は数週間という長期にわたって、「採訪」を行なう、つまりインタビューを中心とした調査が中心となる。しかし、このフィールド調査は、実は研究がかなり進んだ段階、ないしは最終段階である。たとえば筆者は、新竹の竹塹社という地域を専門とし

ていたが、竹塹社に関して、清朝から日本植民地時代、民国時代の資料で収集できるものはすべて収集し、文献的にできることをすべて行なってから、現地に臨むのである。

　こうした視点から今回の調査を振り返った時、確かに短期間での範囲を区切った全戸調査という作業において、驚くべき機動力が発揮されたのは事実であるけれど、事前に文献資料的な調査が十分に行なわれたかについては、検討の必要があるかもしれない。たとえば、日本植民地時代の理蕃（台湾原住民統括）政策に関する資料はけっして少なくなく、そこから現地について知り得ることがあるだろう。また近数十年の家電普及率、自動車保有率、あるいは人口移動や産業について、対象地域の行政的な資料がないか、統計類を十分調査してから現地に臨むという方法もあったかもしれない。今回はカウンターパートとの連携、調査地決定までにさまざまな障害があったため、やむを得なかったのであるが、ある程度の時間をかけて１つの地域の調査を行なうのであれば、事前に文献調査を尽くしてから臨むという手順が一般的である。

## 2.2. 調査対象を、愛する

　台湾調査で桜井教授が繰り返し説いておられたことは、調査対象を愛することである。教授は「愛されんだー」＝「I surrender」とキュートな駄洒落を連発されていたが、これこそはフィールドワークの一番の基礎であり、また、筆者が田野研究室に在籍していた頃学んだフィールドワークの基礎を示すキーワード「入境随俗」（＝郷に入っては郷に従え）と同じことを、調査者自身に要求する。つまり、自分を見せるのではなく、相手に耳を傾ける姿勢である。筆者自身の経験では、最初は調査者が中央研究院の研究者であることから、インフォーマントが恐縮してしまう場合が多かった。こうした双方の間の壁を取り除くために、時間をかけて相手の個人的な悩みを聞き、相談相手となり、共に酒を飲み、カラオケを歌い、さまざまな手伝いをする。実を言えば、私の演歌のレパートリーは、このころ必要に応じて学んだものだ。インフォーマントには、日本時代を懐かしみ、衛星放送などで日本の文物に馴染んできた人々が多い。そして時には、家族や健康についての悩みを聞き、同じ人間としてインフォーマントの立場に立って考え、一緒に悩み、元気づける。フィールド研究者には、カウンセラーや占い師と共通した技術を求められる。さらに、これが難しいところだが、思想、信条、宗教の全く異なる相手に接することもある。特に社会内における政治的立場の対立が激しい台湾では、異なった立場の人間同士が打ち解けるのは容易なことではない。そうした場合にも、インフォーマントを尊敬し、愛し、理解し

ようという気持ちを忘れずにいれば、おのずと相手に近づける。桜井教授が説く愛とは、同じ人間として、相手を愛し、理解することであり、これが相手から貴重な話を聞かせてもらい、貴重な資料を見せてもらう第一歩であることに間違いはない。

　そして筆者が感じたところでは、アジア農村研究会の台湾調査において、参加者たちは、実によい姿勢でインフォーマントに接していた。大国の、一流大学から来たというような尊大さは微塵もなく、メモを持って相手の言葉を聞き漏らすまいと一生懸命になっている姿は、インフォーマントに好印象を与えていた。むしろ、彼らに、守ってあげたい、という気持ちを持たせたようである。本研究会では、聞き取りはノートにより、テープレコーダーは使わない方針だったが、通常フィールド調査では、相手の了解を得た上で、テープレコーダーを使うのが一般的である。メモは、往々にして聞き違い・思い込みによって誤りを生じてしまう。しばしば、質問者の誘導的な質問とインフォーマントの回答の区別が曖昧になってしまう。確かにメモのほうが相手に与える印象はよいが、考え方次第であろう。なお、この調査期間中は、中国からミサイル演習などの軍事的圧力がかけられていた時期だった。中国軍が威嚇的な演習を行ない、台湾本土を超えて太平洋へミサイルを発射し、米国第7艦隊の空母が派遣されたのは、まさにその調査中のことだった。昼食をとった中央大学の食堂で、参加者・中央大学生らともに、テレビニュースに釘付けになったこともあった。しかし、このような時期にわざわざ日本から来てくれたということ自体が、現地の人々や中央大学の学生にも、感銘を与えていた。現実には渡航自粛勧告が出されるような状態ではなく、戦争の危険は少なかったが、不安に思う台湾の人々にとっては力づけられる思いだったのである。

　総じて言えば、この台湾調査は、筆者にとって、これまで従事してきたフィールド調査とは、若干方法論的に異なったものであり、故に新たな勉強になった。しかし、筆者にとって最も貴重であったのは、この調査が、日本人社会を知る非常に貴重なフィールド調査となった点である。日本人の組織、社会関係、問題にぶつかった時の対処方法、対象への認識の仕方の一端が、アジア農村研究会に参加することにより、筆者にはきわめて明確になった。日本人の平均値というものが存在し、同研究会がそれであるとは言えないにしても、この時の体験をもとに、いずれ日本人論を書きたいと考えている。(李　季樺)

## 第 11 章
## ペ ナ ン 調 査
### 相原佳之

　アジア農村研究会第6回農村調査は、1998年3月5日から18日まで、マレーシア・ペナン島において行なわれた。参加人数は29人で、松井美緒氏が団長をつとめた。調査地はペナン島東部のマレーシア科学大学(ペナン大学、Universiti Sains Malaya、以下 USM と略す)に隣接するロロン・プカカ(Lorong Pekaka)という華人集落であった。

　この集落は、いわば都市近郊の住宅地で、車が十分にすれ違える幅の砂利道に面して整理された区画に平屋や二階建ての家屋が並ぶ。ペナン島の中心都市ジョージタウンに近くて交通の便もよく、工場や会社へ通勤する住民が多い。集落の成立は1989年と比較的新しく、USMのキャンパス拡張のために土地を失った人びとに対して国が提供した代替地であるという歴史を持っていた。居住するのはおそらくすべて華人であり、祖先は中国大陸の福建・広東などからの移住歴を持ち、我々が訪問をした戸主は移民第2世代、第3世代が大半を占めた。なお、マレー語で Lorong は小道を、Pekaka はカワセミ科の鳥を意味するが、村落名の由来は定かではない。

　調査は、各家庭を訪問する形で、1回あたり1～2時間の聞き取りをした。最終的にロロン・プカカ全体の85戸のうち33戸に対して1回ないし2回の聞き取りを行なうことができた。また後述のように、別に住居調査・信仰調査も行なった。

　この調査には、国内および現地において広島市立大学国際学部のオマール・ファルーク教授から、現地においてはカウンターパートとなった USM 社会科学部の Ahmad Hussein 教授、Abdul Rahim Ibrahim 教授からさまざまな面で多大な協力やアドバイスをいただいた。また訪問調査の際には USM の華人学生に通訳として協力していただいた。

　以下に調査内容を記すが、これは筆者が会計担当として事前準備段階からこの調査に関わった経験に基づくもので、本研究会全体の見解を代表するものではない。また、筆者は第3回から第9回まで本研究会の調査に参加したが、個人での調査の経験はなく、本稿を書くにあたっても、本研究会の他の調査との比較が中心となることをあらかじめお断りしておきたい。

調査日程：1998 年 3 月 5〜18 日
調査地：ペナン州ジョージタウン市ロロン・プカカ
調査参加者：29 名
調査対象戸数：33 戸
カウンターパート：マレーシア科学大学

写真11-1　調査地の家並み。団地のような家が建ち並ぶ。

## 1. 調査地決定から事前準備、出発まで

　調査の対象をマレーシア華人に設定し、調査地をペナン島にすることは前年(1997年)3月のスマトラ広域調査が終わる頃にほぼ決定していた。決定以前にどんな候補がほかに挙げられていたかは定かに記憶しないが、スマトラ調査によりマレー世界への関心が高まっており、また参加者の中に中国を研究する者が多く華人世界への興味が元から深かったため、マレーシア華人を調査対象とするという意見に支持が集まるのに不自然さはなかった。調査地については、華人が居住している歴史の長いペナン島が早い段階から第1候補にあがった。

　翌4月から、団長以下6～7名のメンバーを中心に事前準備を開始した。まず、現地におけるカウンターパートを決定し、早めに調査実施の希望を伝える必要があった。具体的には、本研究会顧問の桜井教授よりオマール・ファルーク教授の紹介を受けて調査への協力をお願いした。5月には桜井ゼミと共催で同教授を東京大学にお招きして講義をしていただいた。そして講義の折に調査予定の具体的な説明を行なって、現地における提携先紹介をお願いし、いくつかの提携先候補の中からUSMの社会科学部を紹介していただいた。

　その後、手紙やファクシミリでUSM側と連絡をとる一方、事前勉強会を行なった。ちょうど前年に福崎久一編『華人・華僑関係文献目録』

（アジア経済研究所．1996年8月）が出版されていたため、この目録からマレーシア華人社会やペナンの歴史、村落調査に関する文献を選定し、週に1度のペースで報告と討論を行なった。この段階では具体的な調査地は未定で、ペナン島の漁村やジョージタウンの商店街、ババ（マレー生活文化の影響を強く受けた中国系移民）の住む住宅なども想定されていた。

その後、文献を読んで得た知識や、ファルーク教授からのアドバイス、2週間という調査期間、基礎調査を中心に据える本会の調査方針などを総合的に考慮し、調査地の候補を検討した。その結果、7月上旬までには、都市近郊の都市通勤者の多い集落を調査したいという希望をUSM側に伝えることで方針が決まった。

調査地は現地での事前調査により最終的に決まった。9月上旬、國谷徹氏、松井美緒氏がファルーク教授とともにUSMを訪問した。その際に、ペナン島内の漁村や油椰子栽培を中心とする農村など、いくつかの村落をたずね、その中からUSMに隣接するロロン・プカカを調査集落に選定した。また調査中の細かな点についても、USMにおいて4～5回の講義を受けることや、宿舎や通訳などの問題に関して交渉した結果、USM側が非常に快く協力してくださることがわかり、この段階で調査の見通しがついた。

9月18日に二氏がペナン訪問の結果を準備に携わるメンバーに報告した。その後は、文献の読書会と並行して参加者募集の事務手続きや調査票の質問項目の検討などを行なった。

11月に参加者の募集の案内を出し、年末までには参加者がほぼ確定した。秋から年末にかけてUSM側からメールやファクシミリがなかなか返信されてこない時期があり心配されたが、1月に連絡が再開し、その後は調査の具体的な点を詰めていった。年明けからは参加者も含めて勉強会を1回、調査票検討会を1回、東大構内における測量実習を1回開催した。出発直前には共同装備の運搬割り振りなど最終準備を行なった。

## 2. 現地調査の経過

ここからは、現地調査の経過を記す。調査開始は3月5日であったが、それに先立ち団長の松井美緒氏が1週間前から現地入りし、USM側との最終調整や戸別訪問のアポイント取りを行なった。

3月5日、メンバーの大部分がペナン国際空港に集合し、空港から借り上げバスで宿舎となるUSMのゲストハウスに移動した。以後、調査終了まで、ここから徒歩で調査地に通うことになる。調査中の食事は調

写真11-2 調査地付近の商店。調査中、頻繁に利用した。

査地に向かう道沿いにある屋台で食べることが多かった。

　6日は午前中に全員でUSMの社会科学部を訪問してAbdul Rahim Ibrahim教授の講義を受け、その場で続けて通訳のUSM学生との顔合わせを行った。午後は調査方法を説明した後、参加者および通訳の全員で調査集落に入り下見をした。

　当初は7日に村落の測量を行なう予定であった。だが、下見の段階で、街路がほぼ直線的であることや、住宅の外見は似通っているものの門に統一的に番号がふられており、住居の同定が容易であることがわかったため、機器を用いた測量は中止して参加者全員で絵地図を作成した。午後には絵地図の製図と調査票検討会が行なわれた。東京での調査票検討会に参加した人数が少なかったことや、実際に集落を見た印象から、原案に対して活発に質問が出た。

　8日から15日までは、5班に分かれ、戸別訪問調査を行なった。1班は3～4人で構成され、通訳が各班1人ついた。他に2人が住居調査を担当し、団長以下3人がその後の日程のアポイント取りを行なった。班編成は調査期間中ほとんど変更していない。夜は、その日に得たデータをコンピューターに入力した。調査票に基づく定量的データはあらかじめ項目ごとに入力欄を作成済みのエクセルの表に、その他の定性的データは文章でワードに入力したことは例年どおりである。

この調査では調査地と宿舎が徒歩で移動できる距離にあったため、戸別訪問を行なう時間帯に比較的融通がきいた。そのため、昼間は外で働いていて戸主が留守にしているインフォーマントには、夜間に訪問してインタビューに応じていただく場合もあった。入力は全員で同じ部屋で行なうのが情報交換の面から理想であったが、宿舎には全員が集まって入力に使用できる部屋がなかったため、班ごとに各部屋で打ち込まざるを得なかった。代わりに毎日班長会議を開催し、各班の訪問進行状況や気づいた点などを話し合い、その結果を班員に伝えた。

　12日には全員による中間討論会を行ない、質問項目や調査方針をいくつか変更した。また、期間中に USM 教授らによる講義が4回催された。USM の社会科学部は村落調査を専門とする機関ではなかったため、講義の内容は調査と直接には関わりがなかったものの、マレーシアの社会を理解する上では有意義な講義であった。

　戸別訪問終了翌日の16日には全体討論会を開催した。戸別調査班5班のほか、後述の住居調査班、信仰調査班がそれぞれ調査結果を踏まえた論点や興味深い事例を2、3点ずつ挙げ、それを巡り全員で討論を行なった。討論会には通訳をつとめた USM の学生も参加したため、進行と討論はすべて英語で行なわれた。同日夕方は、講義をしてくださった USM の先生方や通訳の学生を招いて、近くの Hotel Seri Malaysia の宴会場にてパーティを催した。最終の17日は終日自由行動とした。

　以上が大まかな日程である。細かな変更はあったが、ほぼ当初の予定どおりに進んだ。

## 3. 調査過程での問題点など

　以下では、この調査において特に問題となったことや、筆者が参加した他の調査と比較してこの調査の特色であったと感じられる点について、数点とりあげてみたい。

### 3.1. 村落行政組織の不在

　今回の調査で開始当初から問題となり、かつ調査の方向を大きく規定したことの1つに、ロロン・プカカをまとめる村落行政組織が存在しなかったことが挙げられる。行政組織だけでなく、日本の町内会のような地方自治組織についても存在を確認できなかった。

　このことは村落調査にとって利点と不利な点の両面をもたらした。利点の最たるものは、インフォーマントの選び方について村長など村落指導者側から制限を受けることがなかった点である。本研究会の調査は一定区画内の全戸調査を原則とするが、実際にこれを実行するのは難しく、

集落の中で村落指導者が特に「見せたい」あるいは「見せやすい」家だけにインフォーマントが偏った例が多くある。95 年の上海調査(第 9 章)でインフォーマントが「新村」と呼ばれる新しい住居にほぼ限定された例や、スランゴル調査(第 12 章)でアポイント取りに同行した村落内有力者とつながりのある人物にインフォーマントが偏った例などである。その点、村落行政組織のないロロン・プカカではその心配は不要で、インフォーマントを我々が随意に選ぶことができた。また調査票の項目についても同様で、戸別訪問の場に村落の人物が同行しないため、まったく制限を受けなかった。

さらに、村落との交渉や行政的手続き、また儀礼・謝礼などが不要であったため、結果として戸別訪問に充てる時間を多く確保することができた。特にペナン調査では、USM が行なう講義により調査時間が少なくなることが心配されていたため、これは大きな意味があった。

一方、村落行政組織の不在は調査に不利に働いた面もあり、現地においてはこちらの方がより強く実感された。とりわけ強く感じられたのは、訪問のアポイントを取る場面においてである。村落の組織がある場合、上海調査では訪問日時が完全に設定されていたし、スランゴル調査では村落内で顔の利く人物がアポイント取りに同行し、「あの人の頼みならいいよ」という感じで訪問を受諾してくれることも多かった。ところが、ロロン・プカカには村落行政組織がないため、調査の事前手配がなされていないのはもちろん、我々が何者であるかやどんな目的で調査しているかが集落を通して人々に知れわたっていない。そのため、1 軒 1 軒に対して一から説明しつつアポイントをとる必要があり、苦労した。

実際には、団長以下数名が通訳 1 人を伴って連日各戸をまわり、訪問の日時の約束を取っていった。筆者もこれに同行することが多かったが、集落の住民が見ず知らずの者に対して抱く警戒心は当然強く、なかなか引き受けてもらえなかった。また各班でもインタビューの終わったあとで次の訪問先を紹介してもらうなどしたが、十分な数は確保できなかった。さらに、やっと戸別訪問の時間の約束を取りつけたにもかかわらず、指定の時間に訪問しても誰もいないという「空振り」もしばしばあった。そのような場合はやむをえずアポイントなしに別の訪問先を探すが、断られ続けて、調査時間の大半を訪問先を探して歩き回る羽目に陥ることもあった。

どうしても新規のインフォーマントが探せない場合は、インタビュー済みのインフォーマントに 2 度目の訪問に応じていただくようにお願いした。2 度目の聞き取りは、基礎データが取れている場合は家族史を中心に聞き、また 1 度目の訪問で興味のある話題が出ている場合には、そ

の話を詳しく聞かせていただく方針でのぞんだ。インフォーマントには謝礼のおみやげを渡すことにしていたが、1つの家庭を2度訪ねることは予定外であり、2度目の訪問時に何を渡すかが問題となった。実際にはUSMの先生方用に余分に持ってきたおみやげを渡したり、新たに物品を購入したりして対応した。事前にこのような事態が予想される場合には、インフォーマント用に数種類の違ったタイプのおみやげを準備しておくのも1つの方法であろう。

村落行政組織の不在が不利に働いた第2の点は、村の歴史や戸数・人口、インフラ整備状況などの村落の基礎情報を、村長や村の有力者への聞き取りから得ることができなかったことであった。たとえば、ロロン・プカカがUSMキャンパスの拡張により土地を失った人に与えられた代替地であるという村落の成り立ちの最も基礎となる情報も、聞き取りの中から初めて得られたのである。しかし、先入観を与えられず、純粋に訪問で聞き取った情報の中から村落の個性を発見していく楽しみが増した点も考えれば、この点は必ずしも完全なマイナス要素であったとは言えないだろう。ただ、今回の場合、周辺の統計的資料は収集できた可能性があり、少しでも事前に集めて団員間で共有しておくべきであった。

また、本調査はマレーシアの国立大学であるUSMの協力を得たものの、国または地方のいかなる行政機関からも正式に「調査」の許可を得たものではなかった。そのため、集落の住民や他の人から何をしているのか尋ねられた場合に、英語の「research」や、「調査」にあたる華語やマレー語は使わず、「study tour」と答えるように団員間で周知徹底した。

## 3.2. 宿舎と村落の近さ

宿舎と村落が近かったため、移動がほとんどなかった点も本調査の特徴である。先述のように、移動がないことは訪問時間を比較的自由に設定できる意味では圧倒的に有利な条件を提供する。しかし負の側面もないわけではない。それは、調査する集落の周囲の環境を見る機会が少なかったことである。本研究会の方法論では広域調査後に定着調査を行なうことを理想とするが、実際にその手順で調査を行なえることはほとんどなく、はじめから定着調査に入ることがほとんどである。ただその場合も、宿舎から調査地への移動中に眼にする景観が広域調査の代わりとなり、村落理解の手がかりになる場合は多い。たとえば台湾調査（第10章）においては、中央大学からバスで山に上っていく道は、霞雲村が置かれた山深い地理的位置を理解させるに十分な坂道であったし、沖縄調査（第13章）では、毎日島に渡る橋が浜比嘉島の島民にとって重要なも

のであることが実感できた。今回の調査でも、もし周辺集落を多く実見できれば、同じような都市近郊住宅地の中でロロン・プカカがどのような個性を持つのかを理解する一助になったかもしれない。

また、今から考えれば、この近さを利用して昼間以外の村落を観察することも可能であったであろう。筆者は調査中の1日、早朝のロロン・プカカに行く機会があったが、集落に入っていく道沿いの市場では野菜や魚介類などの活発な売買が行なわれていたり、村の路傍にある祠に線香を立てる住民の姿が見られたり、昼間とは違う様子が観察された。もし違う専門や関心を持つ参加者なら、別な点に注目し、より多くの情報を得たであろう。

### 3.3. 通訳の学生たち

調査期間中は通訳の重要性を痛感した。ロロン・プカカの住民の日常使用言語はこの土地特有の華語である。この華語は閩南語を基礎としつつも独自の語彙や用法も取り入れたものであり、祖先の出身地に関係なくこの地の華語が共通語になっていた。参加者の大部分はこの華語を理解できず、もし通訳の学生がいなければ調査はおろか訪問日時の約束をとることさえも困難をきわめたであろう。ただ、住民の中にはこの他に英語・マンダリン（北京官話）・マレー語などを実に巧みに使い分ける住民もいた。実際、通訳を介さず英語やマンダリンでインタビューした場合も数例あり、当地の言語環境の複雑さの一端をうかがい知ることができた。

さらに、今回通訳をお願いしたのが隣接するUSMの学生であったことは、インフォーマントの警戒感を解く役割を果たした。インフォーマントの立場で考えれば、日本から来た見ず知らずの者だけが訪問するよりも、近所にある名前を知った大学の学生がいた方が信用でき、かつ親しみが持てるのは自然なことであろう。また、調査項目に気をとられるあまり本研究会の学生たちがつい意識をおろそかにしてしまいがちな、インフォーマントへの礼を尽くした接し方についても、彼ら、彼女らに指摘され教わることが多かった。

学生たちは、大学の休暇期間中であるにもかかわらず積極的に参加してくれた。学生には事前のAbdul Rahim教授との話に基づいて1日あたり30RM（当時1RM≒35円）を支払い、またTシャツなどのおみやげを差し上げたが、それだけでは申し訳ないほどの活躍ぶりであった。また、学生同士であったため、最後のパーティの後に宿舎の部屋に一緒に泊まる学生がいるなど、参加者と通訳との交流は例年以上に深まった。

## 4. 別働隊❶住居調査

　ペナン調査では、戸別訪問調査班のほかに自主的に別働隊が組織されたことが大きな特色であった。その1つが住居調査班である。その方法は、まずメジャーを用いて家屋の外周を測定して庭に置かれている物財の位置を記録した後、屋内に入って部屋の位置関係や部屋中の生活財の位置などを記録し、さらに居住者に各部屋や場所の使い方を質問調査するというものであった。戸別訪問調査と並行して2人の有志がこの調査を行ない、ロロン・プカカで3軒、隣接するより新しい住宅地リンタン・プカカ(Lintang Pekaka)で1軒が調査された。また夜には戸別調査班のデータ打ち込みと並行して家屋図の製図が行なわれた。

　筆者は彼らが調査している場面を直接に見ることはできなかったが、測量と同様に屋外での作業を含むこの調査を熱帯のペナンで行なうのは相当な体力を消耗したと聞く。結果は非常に詳細な配置図にまとめられ、発表された全体討論会では感嘆の声があがった。調査地の住宅は建築年代がほぼ同時で外見は似通った家だが、この調査により、家族構成などによって実は空間の使い方には各家庭独自の工夫があり、空間構成も住居ごとに異なっていることが明らかになった。

　ただ心残りなのは、アポイント取りに通訳が1人必要となったため、住居調査班には通訳が付かず、十分な聞き取りを行なってもらうことができなかったことと、戸別訪問調査のデータ不足のため、基礎データとの十分な対照ができなかったことである。

　本研究会の定着調査は測量と聞き取りを基本とするが、実際に各家庭に訪問する場合、それらではデータ化されない家の外見や部屋の家財道具、写真などがしばしば重要な情報を提供してくれる。訪問先で聞き取った内容よりも観察した情報の方が多く野帖をうめることもしばしばである。このような観察情報をいかに記録するかは難しいが、この住居調査はその一側面をデータ化する1つの方法を提示するものであった。

写真 11-3　華人の家で祀られている土地神のほこら。

## 5. 別働隊❷信仰調査

　もう1つの別働隊は信仰調査班である。ロロン・プカカの辻にある「神誕」と呼ばれる竹筒や、各戸の庭の天官、玄関などにまつられている土地神や神像は、華人の「信仰対象」である。それらがなければ、住居の外観からその家の住人が華人であると知るのは難しい。信仰調査班は、調査中にそれらに興味を持った有志により結成された。調査が行なわれたのは、基礎調査がほぼ終了した3月14日から2日間である。

　調査では、まずロロン・プカカにおいて、外から観察可能な天官などを1つ1つ記録し、各家庭の神卓上に置かれた神像の名前や、その家の姓や祖先の出身地を尋ねて歩いた。神像の名前は観察からある程度判断がつき、また質問も戸主以外の者でも簡単に短時間で答えられる内容であったため、後述の再訪時に得られたデータを含めて本調査よりも多い戸数の情報を得ることができた。さらに集落外においては、ロロン・プカカの住民により存在を教えられた墓地や廟を観察し、付近で「斉天大聖」と看板を掲げている家における聞き取りを行なった。

　この信仰調査班は、調査中に生じた疑問をより深く調べるために自主的に組織されたものとして、評価できる。また、データの量もそれなりに集まった。調査メンバーは東洋史を専攻とする学生で、その専門性と関心を生かした調査であった。ただ今から考えれば、専門を同じくする者が集まった集団であったがゆえに思い込みに引きずられて問題関心が偏り、基礎調査との関連が薄いものとなってしまったことは否めない。アジア農村研究会は集団調査であり、さまざまな専門を持つ者が集うことが大きな特色である。この別働隊の場合も、複数の専門を持つ者を参加させたり、調査項目により多様な見地からの提案を反映させるようにするなど、集団調査の利点を十分活用する方向で進めるべきであった。

## 6. 村落再訪

　調査後1年経って、筆者を含む6名がロロン・プカカを再訪した。99年3月の本研究会の調査がマレーシア・スランゴル州で行なわれたため、調査終了後に再訪が企画されたのである。USMの宿舎は使わずにジョージタウンのホテルに宿泊し、1日だけロロン・プカカを訪問した。

　再訪したメンバーは前年の信仰調査班が中心であったため、調査は信仰班のデータ補足が中心になった。前年の調査で未調査のまま残されていた住居に関して前年と同様な質問を行ない、また村落内の一家庭にある甘密宮という小さな廟で聞き取りをした。甘密宮は附近の甘密山（Bukit Gambir）という丘にあった廟を移設したものである。ここでは週に1度シャーマンによる憑依儀礼が行なわれることがわかったため、後日

団員の1人倉本尚徳氏がこの儀礼に参加し観察を行なった。村落訪問の翌日は、ジョージタウンの道教用品店にて神像・祭具の販売状況についてインタビューを行なった。

再訪時にはロロン・プカカの景観にいくつかの変化が観察された。調査時に砂利道だった道はアスファルトで舗装されていた。またUSMからロロン・プカカへ行く道に隣接する、時折牛が餌を食べていた湿った草地は、鉄板の壁で囲まれ、近く新しく住宅が建てられる様子であった。全体として周辺がますます都会化していくことがうかがわれた。

この再訪は観光旅行の延長のような気楽な形で行なわれた。ただここで付言しておかなくてはならないのは、このような形での村落再訪は、どの村落でもできるものではないことである。本調査が村落や地方政府の許可を必要としない形で行なわれたため、初めて実現できたものである。本来なら、川島真氏による2002年の上海花橋村への再訪（第9章）のように、簡単な再訪でも申し込みをした上で許可を得てから行くのが筋であると考えた方がよいであろう。

　以上、ペナン調査の経過と問題点を述べてきた。

本研究会の調査では毎回、調査中に発見した事実や問題のおもしろさに胸躍らせると同時に、帰国後には聞き取りできなかった部分が心に残る。とりわけペナン調査では、調査環境が恵まれていて、調査方法も比較的自由になる部分が多かったために、かえって今から振り返って改善の余地のあるところや、サンプル数の不足、データの不足が特に目につく。筆者自身がアポイント取りに時間を多く取られ、インタビューに数回しか参加できなかった個人的な事情もあり、余計にそう感じるのかもしれない。

このような不足感はあるものの、総じて言えば、制限の少ない調査環境を背景として、別働隊や村落再訪など自主的な活動が活発となった調査として、この調査を位置づけられるであろう。ただ、同時にそのような自主的な活動を行なう場合の問題点も現れた。それらの問題点については、本研究会のその後の調査に課題として活かされている。

第 12 章
# マレーシア・スランゴル州調査
## 坪井祐司

　本研究会では、1999年および2001年にマレーシア・スランゴル州における調査を行なった。本研究会が同じ場所で複数回調査を行なったのはここが初めてである。責任者はいずれも筆者がつとめたこともあり、本章では、この2回の調査をまとめる形で、スランゴル調査の経緯を記すこととしたい。以下本文では、1999年の調査を第1回、2001年の調査を第2回とする。

## 1. 調査地の決定と事前準備
　本研究会が1999年にマレーシアを調査地としたのは、研究会内部での継続性を重視したためであった。本研究会は、1998年に同じマレーシアのペナンにおいて華人住民の街区の調査を行なっていた。マレーシアは多民族国家であり、その構成員はマレー人、華人、インド人へと大別される。マレーシア社会の総合的な理解を深めるという意味において、華人と並ぶ主要構成集団の1つであるマレー系住民の村落を調査することが企画されたのである。

　まず、第1回目の調査準備について述べることとする。この2回の調査におけるカウンターパートは、マレーシアのマラヤ大学であった。カウンターパートの選定は、1998年のペナン調査に引き続いて、マラヤ大学の出身で広島市立大学のオマール・ファルーク教授に依頼した。ペナン調査後、マレーシアを再び調査する案が固まったところで、再びオマール教授にカウンターパートの紹介をお願いしたところ、マラヤ大学・マレー研究科の先生を紹介していただくことができた。そこで、1998年5月、その先生に対して協力を依頼したところ、快諾していただけたため、調査計画を実行に移すことになったのである。

　調査地は、マレーシアの首都クアラルンプルの周縁部に位置するスランゴル州の南部セパン郡のHという村であった。この調査地は、カウンターパートの紹介によるものであった。先方に協力を依頼するにあたり、希望調査地として、マレー半島西海岸の都市近郊の農村というリクエストを出したところ、この村の紹介を受けたのである。この村は、クアラルンプルから車で1時間半ほどの距離に位置しており、1997年に開港したクアラルンプル国際空港からは車で30分ほどの距離にあった。

　筆者は1998年夏に下見としてマレーシアを訪れ、マラヤ大学でカウ

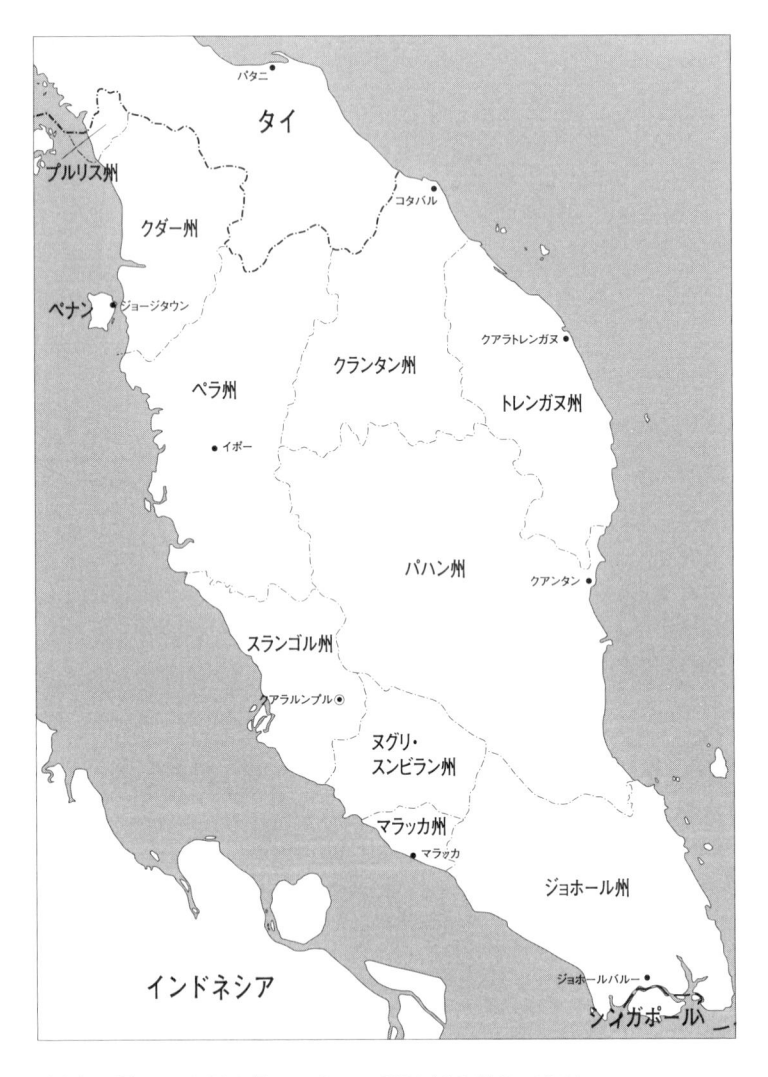

調査日程：1999年3月5～18日、2001年3月5～18日
調査地：スランゴル州セパン郡H村
調査参加者：18名(第1回)、17名(第2回)
調査対象戸数：32戸(第1回)、44戸(第2回)
カウンターパート：マラヤ大学

ンターパートに挨拶をするとともに、初めてこの村を訪れた。その結果、村側の協力を得ることができることを確認し、準備を進めることとした。

ただ、第1回調査における現地との交渉過程においては、いくつかのトラブルに直面した。1つは、下見から帰った秋以降、カウンターパートとの連絡が取りにくくなったのである。これは、後になって判明したことであるが、カウンターパートの先生が、奥様が病気になったこともあり、多忙をきわめていたためであった。そのため、筆者は調査直前の1999年2月に再び緊急の下見を行なって調査地を訪れ、そこで調査地や宿泊施設に関する最終的なアレンジを行なった。

一方で、国内での準備活動は例年通り行なうことができた。下見後の10月に参加者募集を行なうとともに、勉強会をスタートさせた。勉強会に関しては、堀井健三『マレーシア村落社会とブミプトラ政策』(論創社. 1998年)、Shamsul A. B. *From British to Bumiputera Rule*. Institute of Southeast Asian Studies. 1986. の2冊をとりあげた。最終的な調査への参加者数は、桜井由躬雄教授、橋谷弘教授(東京経済大学)を含め18名であった。参加者が確定した1月以降は準備活動を活発化させ、例年通り、調査説明会、測量実習、調査票の検討会を行なった。

この第1回の調査は、後述するような問題点はあったものの、成功裏に終了した。そして、その2年後の2001年には同調査地で2回目の調査を行なうことが企画された。その理由は、2000年の調査後、次の調査地の決定にあたって、本研究会の方法論の蓄積が進んだことで、過去に訪れた調査地を再訪し、基礎調査からもう一段先の段階の専門調査を行なうことが可能ではないかという意見が出されたためである。そのため、第1回目の調査時における相手側の姿勢がきわめて協力的であり、調査後の最終討論会においても調査テーマになりうる問題点がいくつも出てきていたこの調査地を再訪することになったのである。

第2回目に際しては、前回の経験があったので、準備活動は大きな問題もなく順調に進めることができた。現地側との交渉に関しては、筆者が当時マレーシアに滞在していたこともあり、前回お世話になった村の有力者を直接訪れて行なうことができた。第2回の参加者は桜井教授を含めて17名であり、そのうち第1回目にも参加した者は6名であった。国内における準備活動も、ほぼ前回と同様の経過をたどった。

## 2. 調査の運営

調査地の村は、戸数が約200戸、人口が1000人ほどという規模であった。面積的にも大きく、広大な椰子の林の間に点々と家が散在すると

いった景観である。マレーシアの村は、そのほとんどがこのような散村である。このため、村と村の境界が傍目には明確でない場合もある。そもそも「村(kampung)」という単位も行政村であり、自然的なものではない。この村も、隣接する2つの村とともに1つのまとまりを形成しており、村という単位が生活圏と重なっているいるわけでは必ずしもなかった。

このような村の特徴は、調査を行なう上でいくつかの問題を生んだ。最も問題となったのが移動手段である。調査地の規模が大きく、村内の移動は困難であった。調査地においては、村民が村の中を移動する際ですら移動手段は基本的に車かバイクであり、村を歩いているのは子供くらいという状況であった。その広さから考えて、本研究会独力で測量を行なうことは不可能なことであり、結局2回の調査とも測量は行なわなかった。

加えて、調査地は滞在地とも距離があったため、その往復も問題であった。調査中の滞在先は、調査地から車で20分ほどの場所にあるホテルであった。そのため、ホテルと調査地との間の移動手段が必要であった。そこで、ホテルのバンを調査期間中チャーターし、調査地との往復に利用することとした。

ホテルは滞在する環境としては快適であったが、やはり調査地から遠いという点で不便な面も見られた。加えて、ホテルとその周辺には、大人数で食事をとる施設があまりなかった。そのため、昼食、夕食はホテルと調査地の中間にある小さなS町でとるほかなかった。結果として、インタビューは午前、午後各1件の1日2件のペースで行なったが、その間の昼の時間は町に滞在することになり、ホテルに帰る時間的な余裕はなかった。そのため、朝ホテルを出てから夕食をとって戻るまで、休憩ができる場所がなかったのである。

移動の問題に加えて、この調査で最も問題となったのは、通訳の手配である。第1回の調査ではマラヤ大学の学生に参加してもらう予定であったが、調査期間とマラヤ大学の試験期間が重なったためにそれが不可能となってしまった。そのため、下見の際にカウンターパートと相談の上、村長に依頼して英語を話せる村民に協力してもらうということになった。これはやや無理がある方法であったが、先方もこの点は深く考えていなかったようで、調査開始日に通訳として参加してくれたのは1人のみであった。結局、その後通訳として3人を確保することができ、調査は軌道に乗ったが、当初は混乱を生む原因となった。

第2回目の調査に関しては、マラヤ大学の学生に参加してもらうことは不可能ではなかったが、第1回と同様に、村で英語の話せる人に通訳

を頼むことにした。これは、第1回目の調査でさほど問題が見られなかったことに加えて、食事の問題を考慮したためである。マレー人の村落の調査である以上、マレー人の通訳を頼む必要があるのだが、食事をとる町は華人住民が大半であり、ムスリムのための食事を用意することが難しい(ムスリムであるマレー人は、そうでない華人の食堂で食事はできない)。そのため、あえて村で通訳を見つける方法を選択し、第2回では学生を中心に5人の通訳を頼むことができた。多文化社会であるマレーシアでは、マレーシア人同士の生活習慣の違いに気を配る必要があるのである。

## 3. 調査の形態

第1回目の調査の日程は以下の通りである。なお、第2回目の調査も、日程としてはほぼ同様である。

1999年　3月5日　マレーシア、クアラルンプル国際空港集合。
　　　　　　　　マラヤ大学のバスにより、同大学の寮に移動。
　　　　3月6日　午前、マラヤ大学の先生から講義を受ける(マレー人社会の家族制度について)。
　　　　　　　　夜、全体ミーティング、桜井教授の講義および調査についての説明。
　　　　3月7日　調査村への移動、学生は8戸に分かれてホームステイ(9日まで)。
　　　　　　　　この間桜井、橋谷両教授は別行動。
　　　　3月10日　戸別訪問、聞き取り調査(原則として班ごとに午前午後1軒ずつ訪問)。
　　　　　　　　夜は宿舎にて結果をデータとして入力(以下15日まで)。
　　　　3月15日　聞き取り調査終了。
　　　　　　　　夜、ホームステイのホストファミリーを招きパーティ。
　　　　3月16日　マラヤ大学の寮に戻り、最終報告会。
　　　　　　　　夜、カウンターパートの教授夫妻を招き打ち上げ。
　　　　3月17日　自由行動日。
　　　　3月18日　解散、帰国。

調査の形態として最もユニークであったのは、最初の2日間、調査地に宿泊(ホームステイ)したことである。この村は観光事業の一環として

写真12-1　ホームステイ中の様子。菓子を作っているところ。

ホームステイのプログラムを持っていたため、それに参加したのである。下見の際、これを村長から持ちかけられたわけだが、その申し出を受けるかどうかに関して、会の内部では議論となった。これは、参加することで、会が観光目的で来訪したとの誤解を受けるのではないかという懸念があったためである。ただ、最終的には、これを通じて調査地に（金銭的に）「貢献」をしておいた方が調査はやりやすいのではないかと判断して、受け入れることとした。

　ホームステイは、2泊3日で行なわれた。初日の午後はそれぞれの家族と過ごしたが、2日目、3日目の午前中は、油椰子、ゴム、コーヒーといった農園や、菓子作りの村内手工業の工場、村営の実験農場を訪れるなどの見学が全体で行なわれ、夜は村の子供の伝統音楽を聞くなど、かなり多忙であった。参加者の感想を聞く限り、どこの家でも大いに歓迎を受けたようであるが、マレー語を全く解さない参加者の場合には、家庭でのコミュニケーションに問題があったようである。

　ただし、結果としては、実際に住民の生活を間近に眺めることができ、かつ村内を連れ回されたことでインタビューの前に村の地理になれるという効果はあった。加えて、インタビューに入る前に調査地の人々に認知され、親しみを覚えてもらうことができた。ホームステイは先方の企画に乗った形ではあるが、我々と村の関係を深めたという点で意味のあ

ることではあった。

　その後で、班ごとに分かれてのインタビューを行なった。第1回調査のインタビューは、4班編成で6日間行ない、訪問戸数は総計32軒であった。桜井、橋谷両教授には、戸別調査とは別個に、流通関係の組織や上位の行政機構である郡の役所など、村と外部との関係に重点を置いた調査を行なっていただいた。第2回目の調査では、同じく4班編成で7日間行ない、総数としては44軒を訪問した。加えて、2回の調査とも、班を横断する形で希望者を募り、いくつかのテーマに分かれての調査も行なった。その内容については、次節で詳しく述べたい。

　インタビューの際にも問題となったのが調査地の地理的性格である。調査地が広く、その境界線がはっきりしないため、村の全容を把握することがきわめて困難であったのである。村からもらった地図は土地の区画図であり、家の並びと一致するものではなかった。親族が敷地内に家を建てて独立することが多く、1つの区画に複数の家があることが珍しくないためである。その上、家と家との距離がきわめて長く、徒歩で訪ねることが可能な家はかなり限定されていたのである。そのため、第1回目の調査では、村の中心である集会所付近に調査地を限定し、徒歩圏にある家を集中的に調査する方法をとった。そして、第2回目では、訪問する家の範囲を広げるために、村民の協力を得て車をチャーターし、ピストン輸送する方法をとった。

　このような村の状況のため、本研究会の調査の方法論は、厳密に適用することができなかった。村の規模が大きいということは、短期間の調査では、悉皆調査ができないということである。200戸の調査は不可能なので、そこからサンプリングする必要が生じるが、地図が不十分であることから、訪問する家の選択には一貫した方針が欠如していた。特に第1回目は、近い範囲で訪ねられる家を訪ねる、という形式にならざるを得なかった。第2回目に関しても、車を利用したため移動範囲は広がったが、そのサンプリングに関しては、あまり改善することができなかった。

　サンプリングが不完全であったのは、訪問する家を決める方法にも問題があったためである。村には賃金労働者も少なくなく、日中急に訪問しても不在である可能性があるため、前もって訪ねておく必要があった。そこで、村の顔役のようなEという人物に協力してもらい、翌日に訪ねようとする家を訪ねてアポイントを取りつけて歩いたのである。そのため、訪問する家の選択はEの意向が反映される形になり、サンプリングがかなり恣意的なものになってしまった。ただし、それゆえか、ごく少数の例外を除き、訪問した家が留守だったというトラブルは起こら

なかった。

　この調査で特筆すべきものがあるとすれば、それは調査地との交流という点ではないかと思う。2回の調査のいずれにおいても、最終日には滞在したホテルに村長など有力者とホームステイのホストファミリーを招いてのパーティを開催した。そこには、招待した村長をはじめ全家族が出席してくださり、盛大な会となった。また、第1回目の調査では、日曜日に村の結婚式に出席したこともあった。このことは、調査地がホームステイプログラムを持っているという事実に代表されるように、外来者を積極的に受け入れる意向があったことが大きな要素であろう。

## 4. 調査の内容
### 4.1. 第1回調査(1999年)

　第1回調査における調査票は、基本的には本研究会がこれまで行なってきた農村調査のものを踏襲しており、家族関係や家計調査が中心の基礎調査であったが、それに村落組織と開発というテーマを加えた。ここは、1998年に新しく開港したクアラルンプル国際空港に近い場所であり、現在政府の主導のもと急速に再開発が進められている地域であったため、行政による開発と村落の関係を探るという意図があった。

　ただ、調査を進めてみると、この村が我々の事前の想定とは性格を異にすることが明らかになった。我々は農村調査ということで農業に重点を置いた調査票を用意していたのだが、この村では農業経営が必ずしも生業の中心を占めておらず、農村という性格は薄かったのである。そのため、調査の過程で調査票の重点を農業以外の項目に移すとともに、最終日には特別班を編成し、テーマ別の調査を行なった。その内容は、村長、書記など村の幹部への村落行政、組織活動についての調査、S町における華人住民の経済活動に関する調査、村の建築業者への調査などである。

　この調査を通じて明らかになった村の概要は以下の通りである。

　この村の農業は、大多数が商品作物である油椰子の単作であり、米などの自給用の作物は全く作られてい

写真12-2　油椰子の実を収穫しているところ。

**写真 12-3** 油椰子の実。道端のあちこちに積まれた実をトラックが回収して回り、工場に運んで油を絞る。

なかった。油椰子はすべて村外に売却されており、きわめて商業的な性格が強い作物である。そして、油椰子は一度収穫できるまで成熟すればさほど世話を必要としないため、椰子園を経営しながら賃金労働をすることも可能であり、村では農業以外の雇用労働に従事する者も多く見られた。村外の工場労働者やエステート労働者、近隣の工業団地や空港に勤めているものが多く、職場のバスが近隣の村々を回り、労働者の送迎を行なっている光景が見られる。この村の農業に自給性が全くなく、現金収入に依存していることを考えれば、人々が村外に働きに出ることに抵抗はないと言える。

この村の経済にとって大きいのが公共部門からの投資である。この村は開発のモデル村であり、行政の主導による開発事業が盛んになされている。村のホームステイプログラムも郡の農業局の支援を受けて始められたという。村では、小工場での食料品生産や、実験農場による花卉栽培が行なわれている。これらの事業は、生産から販売まで政府の支援により完結する構造である。加えて、空港に代表される公共事業も村の経済には重要であり、建築業は村の産業の基幹をなしている。村長の本業は建築業者であり、他にも建築会社の経営者が見られた。このような農産加工品の生産や公共事業は、政府にとって、投下額に見合った経済効果をもたらすとは考えにくい。しかし、この村の農業が油椰子の市場価

写真12-4 村営の実験農場における蘭の栽培。

格に左右される不安定な状況にあることを考えると、雇用創出による社会の安定のための投資であるとみなすことができる。

　そうした公共部門からの資金の受け皿となるのが村落組織である。村のトップである村長は村民により選ばれる。この村長の下には多くの組織が存在する。村の意思決定機関である村落委員会は村長が委員長であり、村長が委員の任命権を持つ。村落委員会を頂点とする村の組織は、女性、若者、地区といったさまざまな単位での活動を組織し、広大な村の結合を保つように組織化されている。村には多くの役職があり、それらは一握りの人びとにより掛け持ちされている。村長とナンバー2である書記は血縁によって結びついており、村長を中心とする村の中核とも言うべきグループが存在していることがうかがえる。彼らが村の組織を通じて政府とのパイプとなることで、村の結束を保っているのである。

　暫定的な結論として、その村がきわめて政府への依存度が強く、村落組織は政府の投資の受け皿という人工的なまとまりとして維持されていることが推察された。この背景としては、この村が比較的新しく開発された地域であり、伝統的な村落組織のようなものが存在しなかったことがある。調査を通じて、村の住民の大半がジャワ人であり、移住、分村過程があったこと、かつては華人住民と混住していたことなどといった情報も得ることができ、村の性格はこうした歴史を経て形成されてきて

いるのではないかと考えられた。

## 4.2. 第2回調査(2001年)

　調査内容については、第1回目の結果を踏まえて、村の現在の構造を規定する歴史を明らかにすることを目的とした。そのため、人びとのライフヒストリーを主題とし、その集積により村落の来歴を明らかにすることを狙うものとした。これまでの会の調査で細かく聞いてきた家計に関する情報をできるかぎり簡略化し、インフォーマント自身の生活の変化を重視する調査票を作成したのである。そのため、インフォーマントを50歳以上の老人と想定して、村の来歴とインフォーマント個人の履歴を聞くこととした。

　また、特別班を編成し、村に隣接するS町における華人有力者へのインタビュー、隣村でHの母村であるB村に住む先住民オラン・アスリの長へのインタビュー、イスラームに改宗した華人家庭へのインタビュー(通訳の1人の御両親)、村のイマームに対する宗教関係のインタビューなどを行なった。特にS町の華人有力者には、中国語のできる参加者を中心に、のべ4回のインタビューを行なった。

　そこから再構成した村の歴史は以下の通りである。

　村の歴史は、母村であるB村が開かれた1920年代にさかのぼる。村長の例を見ると、彼の祖父・父親子が1908年にジャワ島のスマランからマレー半島へ渡来している。こうした移民はまずクアラルンプルの外港であるクランに上陸し、スランゴルの沿岸伝いに移動して調査地に至ったようだ。その開拓者の集団が、基本的には現在の中核グループを形成する。第2次大戦までは、ジャワからの移民の波は断続的に続いていたものと思われる。

　ただ、当初この地域は多民族の混住状況が見られた。村の資料における開村伝承には、この地域の先住民であるオラン・アスリが登場する。H村ではオラン・アスリの存在は確認できないが、B村にはオラン・アスリの家だという家もいくつか見られ、集住する地区がある。さらに、華人もB村には多く住んでいたのである。

　しかし、華人による共産ゲリラ活動が盛んになる1950年代になると、政府の政策により華人は強制的に移住、集住させられることになった。これが現在のS町であり、この町は囲い込まれた「新村」なのである。その後、華人、マレー人は分かれて生活する状況は続いているが、街道沿いのS町は村にとって外との接点であり、経済的なつながりは残っている。

　H村は、1960年代にB村から最初の定住者が移住した結果として分

村に至った。戸主の世代には、B村からの移住を経験したものが残っている。出生地を見ると、半数ほどがこの村の生まれであるが、近隣のB村、T村の出身者も多い。

ただ、現在のH村にはクアラルンプルなど遠方の出身者も見られ、人の出入りは激しい。若い世代の世帯員は、仕事あるいは学校のため村に住んでいないことも多い。多くの人は結婚や転職を期にH村に移住しており、90年代に入ってからの移動してきた人も多い。このことは、近年この地域の経済環境が大きく変わっていることを示していると思われる。

現在のH村は、ジャワ人による移住から、第2世代、第3世代へと移り変わりつつある状況と言える。インタビューの結果からは、自らを「ジャワ人」と答える人と、「マレー人」と答える人がほぼ半々となっている。家庭内言語はマレー語が多いが、ジャワ語である例もある。その間の人口の流動性を考えても、人びとのアイデンティティも多様であると言えるだろう。しかし、そうした多様性がありつつも、この村はマレー人村落であると自称される。村がマレー人村落であるという建前は、マレー人主導の政府に対しては意味を持っているのである。

第1回目で行なった基礎調査に加えて、第2回目にライフヒストリーによる村落史を加味することで、H村の持つ性格が明らかになる。すなわち、この地域の持つ新開地としての開放的な性格である。この地域は20世紀になってから開発され、土地利用も人口も流動性を持っている。政府はそれを定着、安定させるために資金を投下しており、村は政府からの資金のルートを独占することで、社会の組織化、結合の強化を図っている。村の中核を占める人びとは、村落組織を通じて政府と関係を保ちつつ、S町をはじめ村外との関係を持っている。村は彼らと政府との関係性の上に成り立っているのである。

スランゴル調査は、基礎調査から抽出した問題点を明らかにするため、調査地を再訪した例である。第2回の調査が企画されたのは、第1回の調査が事前の想定とかなり違ったものとなり、結果として新たな問題点が多く出てきたからにほかならない。

第1回目の調査では、マレー人農村の調査が意図されていたわけであるが、実際にはH村は農村としての景観を持ちながら、農村という概念ではくくりきれない村であった。むしろ感じられたのは、マレーシア政府の地方開発政策の影響力の大きさである。そして、この政策は、経済的な効率性よりも、地方のマレー人に資金を向けることで社会の安定を志向する意味が強いようであった。

一方で、この村はマレー人村落としてもくくることのできない多様性を有していた。第2回目の調査は、その問題を深めるため、村落史に焦点を当てたものであった。その結果として、移民によるジャングルの開拓と、マレー人対華人という国家レベルの歴史的過程がからみあいながら村落史が展開され、住み分けが進んで現在の村落の性格を形成していることが明らかになった。2回の調査を通じて、聞き取りを進めるにしたがって問題が次々と出現してきたのである。
　この調査は、歴史を専門として研究している筆者にとって、おおいに示唆を得るところがあった。この村の歴史は、無数にある村の歴史の1つに過ぎないが、間違いなく現在のマレー半島の歴史の1つの断面である。さらにミクロな個人という視点から見れば、人々は、ある時は人工的な構造物である村という枠組みを利用し、またある時はその境界を飛び越えて自在に活動する存在であると見ることができる。この調査は、学問的な観点から見れば、有意なデータがとれたとは言い難い。しかし、筆者はこの村を1つの定点として、この地域の歴史を見る1つの視座を得ることができたように思うのである。

## 第 13 章
## 沖 縄 調 査
渡辺美季

### 1. 調査の由来

2000年3月の第8回調査に向けて、アジア農村研究会では、これまでに実施した調査の成果を活かすことができ、かつ新たなノウハウを蓄積できるような「新しい調査対象」が望まれていた。そして協議を重ねた結果、沖縄県に白羽の矢が立った。日本の亜熱帯地方の農村調査には、今まで調査を行なってきたアジア諸国(特に東南アジア)との比較・相対化という視点から意義があると考えられ、また本研究会にとって初めての「日本」調査で得られる新たな成果に期待がなされたからである。そこで琉球史を専門とする筆者が団長となり、現地のカウンターパートは琉球大学の高良倉吉教授(琉球史)にお願いすることになった。

調査地を選定するにあたっては、まずいくつかの基本的な条件を列挙して高良教授に相談し数ヵ所の候補地を推薦していただいた。その条件とは、沖縄本島か本島周辺の離島であること、あまり観光地化されていない場所であること、漁業か農業が営まれている場所であること、徒歩で回れる規模の集落であること、集落内か付近に30名程度を収容できる宿泊施設がある場所であること、などである。

その後、本研究会の協議によって候補地を2ヵ所にまで絞り込んだ。1999年5月、高良教授と共に筆者がこの2つの候補地を訪れ、島の概況・宿泊設備・交通条件などを把握した。こうしたデータを元に再び本研究会で協議した結果、最終的に沖縄県勝連町浜比嘉島(字浜・字比嘉)が調査地に選ばれたのである。

浜比嘉島は、沖縄本島中部の東海にあり、周囲を平安座島・伊計島・津堅島などに囲まれた小島である。小規模の多島海といった空間の中に位置するこの島で、島民は半農半漁で生計を立ててきたとされる。戦禍を免れたため昔ながらの家並みが多く残り、また琉球開闢の祖と伝えられるアマミキョ、シネリキョを祀る拝所などもあり、さまざまな伝統行事や風習が保存されている。またハワイや南米へ多数の移民を出した島としても名高い。一方で、1997年に本島との架橋が実現するなど近代化の進行も顕著である。すなわち浜比嘉島は、伝統的・沖縄的特徴と近代化の交錯する諸相を調査し得る興味深い地域であると言える。これが、本研究会で浜比嘉島が調査地に選ばれた大きな理由であった。

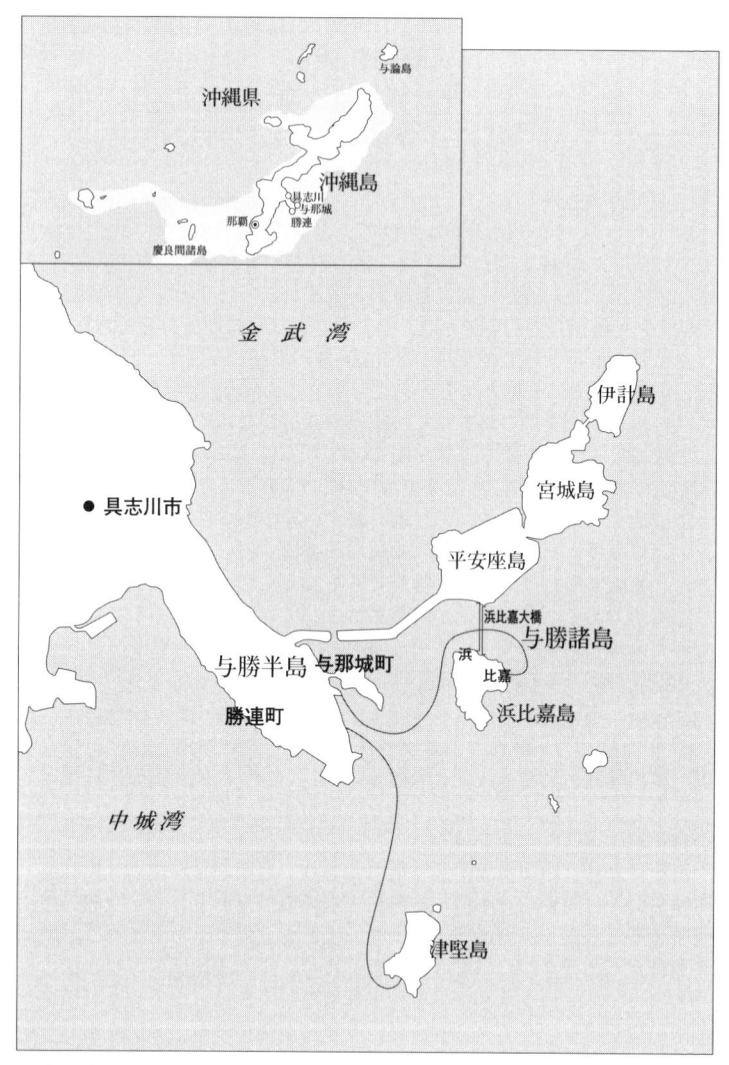

調査日程：2000 年 3 月 5〜18 日
調査地：沖縄県勝連町浜比嘉島
調査参加者：17 名
調査対象戸数：46 戸
カウンターパート：琉球大学

## 2．事前準備

　8月、東京での調査地決定の知らせを受けて、高良教授が島を訪問し、浜・比嘉の2地区の区長に調査の趣旨を説明した上で調査許可の内諾を得て下さった。10月から参加者の募集が開始され、12月には浜比嘉島調査の参加者の顔ぶれがほぼ決定した[1]。

　年が明けると調査の具体的な準備や、内容の「詰め」作業が本格化した。まず1月下旬に計7名による予備調査が実施された。この時に、宿泊や交通の手配、勝連町役場（観光課・企画課）、浜・比嘉島両区長への挨拶などを済ませ、また沖縄・勝連・浜比嘉島に関するさまざまな資料・書籍・地図などを収集した。

　その後、東京で2度の勉強会（1月30日・2月12日）が開かれた。1回目の勉強会の時には、自己紹介、調査スケジュールと費用徴収に関する説明、浜比嘉島の概要説明がなされた後、2つのテキスト[2]を使った勉強会が行なわれた。その後、質問票に関する話し合いが行なわれ、担当者から以下のような意見が出された。

　　　本研究会では基本的に、対象に先入観を持たず何でも「網羅的に」聞き取るインタビュー方法を採ってきた。その聞き取り結果の中から、地域の特徴なり個性なりを汲み取って、初めて「テーマ」設定ができると考えてきたからである。ただ、今回は資料や統計データが大量にある浜比嘉島での調査なので、準備段階である程度テーマを絞ることも可能なのではないだろうか。

　一方、これに先だって実施された「調査に関する要望アンケート」の結果をまとめると、参加者の関心が「❶開発・近代化について、❷移民について、❸伝承・伝説について」の3点にほぼ絞られることがわかった。

　そこで本研究会のオブザーバーである桜井教授から次のような助言がなされた。

　　　参加者の関心（❶〜❸）を尋ねるというのではなく、❶〜❸も聞き取れるような方法を考えるべきである。そのためには島民の個人史

---

[1] 東京大学・大阪大学・琉球大学から計14名の学生が参加した。また桜井教授の他に大妻女子大学の大隅晶子教授にもご同行いただいた。高良倉吉教授からは調査全般にわたって大きなご協力を賜った。

[2] ①山本英治・髙橋明善・蓮見音彦『沖縄の都市と農村』（東大出版会．1995年）、②冨山一郎「ナショナリズム・モダニズム・コロニアリズム──沖縄からの視点」（伊豫谷登士翁等編『日本社会と移民』明石書店．1996年）。

> の聞き取りをしてみてはどうか。それは具体的には、その人が何を
> ポイントとして生きてきたかを目安にインタビューすることである。
> つまり「一番苦しかった時はいつ？　どうであったか？」「終戦の
> 時は何をしていたか？」などを尋ねていくということだ。注意すべ
> きは、個人のサイクル（誕生・子供の誕生・病気・最も嬉しかった
> 時など）と社会のサイクル（終戦・復帰など）は往々にしてずれる点
> である。とりあえず人生の指標ポイント（＝質問の指標）の草案を作
> ってみてはどうか。

　この助言を得て、担当者が次回勉強会までに質問票の草案を作成することになった。
　第2回目の勉強会では、予備調査の報告の後、調査のスケジュールや準備についての具体的な説明がなされ、また3つのテキスト[3]を使用して勉強会がなされた。その後、質問票草案の検討会が担当者を中心に進められ、インフォーマントの過去・現在・未来に関して、浜比嘉島関連事項を中心に幅広く尋ねていく方針を定めた。
　3月1日から沖縄で事前調査が行なわれた。浜・比嘉の両区長へ挨拶を済ませ、調査協力を要請するビラの島民への配布を依頼した。また測量のための巡検を行なった。その他、県立図書館・県庁・勝連町立図書館などにおいて資料収集を行ない[4]、本調査に備えた。

## 3．調査の概要

　3月5日、最初の宿泊地（那覇）に集合して沖縄調査が開始された。はじめに那覇に2泊し、勉強会やレクチャーを通じて意見が交換され、調査に関するさまざまな討論（質問票検討など）がなされ、調査に向かう参加者同士の関係が形成された。
　3月7日、調査地である浜比嘉島に向かった。まず本島中部の与勝半島と海中道路で結ばれている平安座島（与那城町）にある宿泊施設に落ち着いた[5]。それから宿舎の眼前に延びている浜比嘉大橋を車で渡り、浜比嘉島に到着した。この日は、浜地区→比嘉地区の順で巡検を行ない、

---

[3] ①山脇千賀子「語られない文化のベクトル：沖縄系／日系ペルー人の文化変容」（伊豫谷　前掲書）②安里進『グスク・共同体・村』（榕樹書林．1998年）③上里隆史「琉球の火器について」（研究報告）。

[4] 予備調査と事前調査における資料収集で、行政機関（勝連町役場・沖縄県庁）から提供された人口統計資料や詳細な地図などは島の概要把握に非常に役立った。

[5] 宿泊地として敢えて島外を選んだのは、島の2地区を公平な観点から調査できるようにとの配慮があったからである。

**写真 13-1 比嘉地区の遠景**

それぞれの地区にあるグスク[6]（浜グスク・比嘉グスク）に登った。この巡検によって島の2地区の景観の差違を大体把握した。また巡検の合間を縫って両区長への挨拶も済ませた。夜は翌日の測量に備えて簡単な説明会を行なった。

翌8日は測量を行なった。本研究会では測量も習得すべきフィールドワークのノウハウとして重視しているが、数年来、諸条件が整わず、調査地における測量を行なうことができなかった。したがって本調査では久々に測量が復活したと言える。測量は比嘉公園の一部である比嘉グスクで行なわれた。午後から宿舎で製図作業を行ない、2枚の図面を完成させることができた。夜は翌日からのインタビューに備えて、班ミーティングを行なった。

9日からはインタビュー実習が開始された。全体を5つの班に分け、班単位ごとに比嘉・浜のどちらかの集落を回ることになった[7]。インタビューは1日2軒（インフォーマント2人）を目安に行なった。各班のイ

---

[6] 琉球列島全域に分布する遺物・遺構で、一般に小高い丘の上に形成され、城壁や石垣囲いを有するものが多い。その性格に関しては数説がある（聖域説・集落説・防御としての城説など）。

[7] 前半に浜地区を回った班は後半で比嘉地区を回るなど、全員が両地区を回れるように調整を行なった。

**写真 13-2** 浜グスク。

ンタビュー件数は次表の通りである。

|     | 浜・男性 | 浜・女性 | 比嘉・男性 | 比嘉・女性 |
| --- | --- | --- | --- | --- |
| 第1班 | 7 | 7 | 0 | 0 |
| 第2班 | 4 | 1 | 1 | 3 |
| 第3班 | 1 | 0 | 7 | 4（＊2） |
| 第4班 | — | — | — | — |
| 第5班 | 0 | 0 | 7 | 6（＊2） |

＊は重複。4班はデータ消失のため数値不明。

　日中のスケジュールは各班の裁量に委ねられたが、概ね、朝食後に車（レンタカーや県内からの参加者の自家用車）によるピストン輸送で島の各地点へ移動し、午前・午後それぞれに1件前後のインタビューを行なうという感じであった。昼食は宿舎に弁当を人数分注文しておき、正午近くに誰かが車でそれを取りに行って、あらかじめ決めておいた場所（多くは比嘉公園の近辺）に集合して食べた。トイレは原則的に公民館や公園内のトイレを利用した。インフォーマントの都合等が優先されるため、日々の予定は非常に可変的であったが、携帯電話で連絡を取り合い、2～3台の車を効率的に利用して、各班に無駄な時間が生じないように

写真 13-3　モズクの種付け。この後近くの海に移して養殖する。

工夫した。徒歩で回るには広すぎる島で分散型の調査が実施できたのは、自分たちで自由に使える（＝運転できる）車と携帯電話の存在によるところが大きい。それまでの海外における調査とは大きく異なる点である。

　インタビューに際しては、あらかじめ各地区の公民館にビラの配布を依頼していたが、実際各戸を回ってみると大半の島民は我々のことを知らなかった。そのため調査初期には、我々に対してとまどいや警戒を見せる島民も少なくなかった。また個人史の聞き取りに重点を置く本研究会のインタビューの趣旨がよく理解されず、「昔のことはよくわからないから」とか「特に話す価値のあるようなものではないから」と言って調査に尻込みされてしまうこともあった。こうした状況は両区長による助力（村内放送など）や島内における本研究会の知名度アップなどによって、徐々に打開され、快くインタビューに応じてくれる方が日に日に増えていった。

　我々は住宅地図を元に、できる限り「網羅的に」家々を巡り、インタビューに応じてくれる方を見つけるという形で調査を進めていった。またインタビューに応じてくれた方が、次のインフォーマントとして自分の親類や知人を紹介してくれるということも次第に増えていった。インフォーマントは70歳以上の方が多かった。これは人口に占める高齢者の割合が高いということに加えて、訪問時の在宅者の内、最年長の方に

インフォーマントをお願いすることが多かったためでもある。

夜には、班ごとにインタビューで得られた成果をコンピューターにデータとして打ち込む作業を行なった。また全体ミーティングを行ない、その日の成果や疑問点についての議論をした。今回は、従来の調査とは異なり日本語で(＝通訳を介さないで)インタビューができたため、情報の量や内容が非常に豊富であった[8]。そのため各地区固有の、あるいは両地区に共通するような調査課題が比較的早いうちからミーティングの話題に登った。たとえば島におけるモズク養殖の重要性は、調査前にはあまり想定されていなかった。しかしインタビューによってこの産業が近年大きなインパクトを島に与え続けていることが明らかになったため、この問題をより掘り下げて調査する方法に関して活発に意見が交換された。

12日午後には中間報告会が行なわれ、調査前半で見えてきたいくつかの調査課題がより具体化された。そこでそれ以降はテーマを絞った特別なインタビューも平行して行なわれるようになった。それは漁協・農協・学校・ホテル・町議会議員などの方々に対するインタビューであり、たとえば漁協での聞き取りではモズク養殖の問題に関して、島民から得た聞き取り結果を相補い得るような情報が収集された。このようなテーマ別のインタビューは、興味・関心を持つメンバーが班を越えて担当した。

こうして全班、全メンバーが、それぞれの問題関心を抱え、またその質問に応じて下さる適切なインフォーマントを得て、充実したインタビューを行なうことができたのである。

島を離れる16日は、比嘉にある旧家(勝連町指定文化財)を全員で見学させていただいた。この家の住人にインタビューをしたことがきっかけとなって実現した見学会であった。午後に那覇へと移動した。

翌17日は総括の日であった。まず班ごとにミーティングが行なわれ、午後の総括討論に向けて成果発表の準備がなされた。総括討論では、各班が全体の成果を鑑みた上での各班独自の成果や観点を発表し、それに対する踏み込んだ議論が行なわれた。夜は打ち上げを行ない、調査は無事終了した。その成果は後に『2000年3月アジア農村研究会大発会調査実習レポート集・沖縄県勝連町浜比嘉島調査報告書』としてまとめられた[9]。

---

[8] 当然データ入力には非常に時間がかかり、その意味では大変だった。
[9] アジア農村研究会編集・発行(2002年5月)。本稿の記述も、多くはこの報告書に拠っている。

## 4．聞き取り

　沖縄調査の中核となったのはやはりインタビュー（聞き取り）調査であった。その手法は基本的には本研究会のノウハウを踏襲したものであるが、今回は「通訳を介さない聞き取り」が可能だったため、情報量の多さ・濃さはそれまでの調査の比ではなかった。ただし、日常的に方言を使って生活している高齢者のインタビューにおいては、しばしば意志疎通が困難になるという問題も発生した。特に話が最も核心に迫った際に、インフォーマントが「方言以外ではこの切実な感情をどう表現してよいかわからない」という状態になってしまうことがあり、互いに歯がゆい思いをすることがあった。このような時、その家族がそばにいた場合は、彼らの「通訳」に大いに助けられた。

　今回は「個人史」聞き取りという大きなテーマを設定してあったので、出生・就学歴・移住歴・職歴・結婚などをメルクマールとしてインタビューを行なった。その中で、祭祀・伝承・所属団体・地域コミュニティへの参与などについても適宜尋ねていった。また個人史と社会史の交錯を考察するために、戦前・戦中・終戦前後・アメリカ統治時代・架橋など社会史的な標識を設定して「生活の変化」「島における大事件」などを聞き取っていった。最後に「これまでで一番苦しかった時とその理由」「これまでで一番幸せだった時とその理由」を尋ねた[10]。

　インタビューは、質問形式というよりは、会話の流れを我々の「聞きたいこと」の方向へ誘導していく形で進められたが、インフォーマントの「話したいこと」「聞かせたいこと」あるいは「話してもよいと思われること」と我々の「聞きたいこと」が必ずしも重なるとは限らず、全くあるいは十分に聞き取れない項目もあった。しかしこうしたインタビュー調査によって得られた「個人史」の束から、島の「社会史」をある程度までは抽出できたように思う[11]。以下、それを簡単にまとめてみよう。

---

[10] インフォーマントのインタビュー後感などを考慮して、必ず「苦しかった時」→「幸せだった時」の順で尋ねるようにした。

[11] ただし、いま１つの重要な論点である２地区の差違、およびそれぞれの特性に関しては、紙幅の制約もあり、本稿で十分触れられなかったことを断っておきたい。ただ調査初期のレクチャーおよび報告書において高良倉吉教授が「琉球王国時代、浜比嘉島は浜村・比嘉村という別々の行政単位として国家に把握され、両村の提携や協調が制度として問題にされていなかったことが、今日に及ぶ両地区の相対的な自立性の背景にあるのではないか」との興味深い指摘を行なったことを挙げておく。

## 4.1. 戦前

　戦前の浜比嘉島では、島民は半農半漁による自給自足をベースに、芋を主食として暮らしていた。その生活は貧しく、芋がとれない時はソテツや麦でしのぎ、米・そうめん・菓子類・肉類などは祭事の際の特別食であった。こうした状況を背景に、南洋、フィリピン、ハワイ、アルゼンチンなどへ多くの人々が移住していった。彼らは麻栽培、漁業、サービス業などに従事していた。また海外だけではなく大阪の紡績工場など本土への出稼ぎ者も多かった。

## 4.2. 終戦からアメリカ統治時代（1945～72年）

　戦禍こそ免れたものの、太平洋戦争は徴兵や食糧難など過酷な体験を島民にもたらした。また終戦直後の食糧事情も悪く、米軍による食糧配給（タイ米、缶詰、とうもろこし粉、メリケン粉、油など）に頼らざるを得ない状況であった。しかし徐々に米軍基地関係の土木作業などの基地雇用が創出され、また米軍向け野菜の軍指定供給地としてトマト、人参、セロリ、メロン、スイカなどを生産するようになり、現金収入の道が開かれていった。貨幣経済の浸透に伴って島でも米が購入できるようになり、1950年代後半頃を境に徐々に米主食に切り替わっていった。

## 4.3. 本土復帰（1972年）

　本土復帰による「変化」は島民にあまり自覚されていないようであった。しかし、人の移動や物の流通など多くの面で本土との結びつきが強まったことが窺えた。農業・漁業への影響に限って見れば、米軍から市場へと野菜の出荷先が切り替わり、この変化を遠因とした諸々の理由[12]により農業は下火になっていった。代わって本土の市場と直結し本土の業者が買い付けに来るようになったことで、現金収入と結びついたのがウニやモズクの養殖業である。特に近年ではモズク養殖がブームで、就労のため島外に出ざるを得なかった中年世代がモズク養殖を目的にＵターンする現象すら僅かではあるが見られる。しかし他の多くの離島同様、浜比嘉島にも高齢化・過疎化の波が進行中である。

## 4.4. 架橋（1997年）

　1997年に本島との間に浜比嘉大橋が架けられたことは島における近

---

[12] 小さな畑が散在し、地権関係が入り組んでいた浜比嘉島では、農地整理を行って農地の大規模化や機械化を図ることが難しく、生産効率を上げ生産コストを削減して市場での価格競争に打ち勝つことが困難であった。

写真13-4　浜地区から浜比嘉大橋を望む。

年最大の事件であり、これに関してはほとんどのインフォーマントが積極的に語ってくれた[13]。聞き取りによると、橋は「島外から人を呼ぶこと」を大義名分として予算を獲得し、リゾートホテルやゴルフ場の建設といった観光開発の一環として築かれたという。ただしゴルフ場建設はいまだ実現していない。

　島民に架橋による変化を尋ねたところ、最大公約数的な回答は「交通が便利になり急病人の搬送に便利」といった生活面での利便性の向上を指摘するものであった。また架橋によって本島への通勤・通学(高校以上)が可能となり、モズク養殖者以外にも島に戻る人が増え、過疎化や高齢化に若干の歯止めが掛かったという意見もあった。ただし架橋に伴って不特定多数の者が島外から訪れるようになったことによる盗難やゴミの放置といった弊害も同時に指摘された。また車やバイクといった交通手段を持たないことなどを理由に、架橋の直接的な受益者になれない人[14]も見られた。

---

[13] また浜比嘉島コミュニティの意志決定の中枢に居て架橋運動に直接携わった人(現職の町議会や架橋時の区長)への聞き取りも行なうことができた。

[14] 彼らは、主に本島に住む子供たちが車で尋ねてくる時に橋の利便性を享受する。子供にしてみれば、架橋によって島に残った親の面倒を見やすくなったわけだが、それは裏を返せば島外に出やすくなったということである。

島民の悲願であった架橋だが、「実際に架かった橋」にはプラス面だけでなくマイナス面もあることが判明した現在、部外者にその評価を尋ねられて島民はやや困惑しているようにも見えた。恐らく調査時はまだ「架橋」による変化の過渡期であり、島民の橋への評価も定まっていなかったのであろう。架橋の効果は未知数だが、橋の架かった「島」となったことで、浜比嘉島の「島」概念や島民の地理的世界観そのものが変化していくのではないかといった指摘が本研究会メンバーからは出された。

### 4.5. 困難と幸福

　聞き取りの最後には「これまでの人生における困難と幸福」を尋ねた。その回答は当然のことながら人それぞれであり、その中には社会的動向との関連を見出せない回答も見られたが（例：困難→「姑との関係」「闘病」、幸福→「結婚」「第一子の誕生」）、多くの回答には「社会史」が「個人史」に及ぼす何らかの影響が窺えた。

　「困難」に関しては、戦前・戦後の貧しい生活や戦時中の苦しい体験を挙げたインフォーマントが多かった。それは、「幼い頃、食べ物に困った時（が辛かった）」、「戦時中が一番辛かった」、「上官に厳しく当たられた軍隊時代や、終戦直後の貧しい時代は苦しかった」、「終戦直後に家を焼かれ家族が沢山いて苦しかった」、「収容所で1日に乾パン1枚と少量の水で暮らした時は『このまま死ぬか』と思った」、「食べられない物（ソテツなど）を食べなければならなかった終戦直後が一番苦しかった」などといった回答である。

　幸福に関しては、「今が一番幸福」と答えたインフォーマントが圧倒的多数であったが、その理由は「暮らしの心配をしないで済む」、「年金もあり何も心配することはない」、「家のローンはないし子供は全員就職している」、「国民年金・国民健康保険で生活の心配がなくなった」、「年金が出て楽になった」などであり、現在の平和や豊かさに加えて、年金など社会保障制度の整備がその背景にあることが推察できた。

　我々に十分過ぎるほどの研鑽の機会を提供してくれた沖縄調査だが、これはあくまでも学生のフィールドワークの基礎訓練であり、調査によって地域にもたらされる意義は微々たるものである。だがそのささやかな意義を敢えて指摘するとすれば、それは変化を続ける島の、特に大きな変化の一地点を僅かにすくい上げたということであろう。その中には部外者にだからこそ見える知見も含まれていよう。このささやかな記録が、いつの日か現地で島の歴史の一部として参照されることがあれば望

外に嬉しいことである。

　最後に、特に日本国籍を持つ、あるいは日本に生活基盤を置く者がメンバーの大半を占める本研究会にとって、言語などの問題以前にこれまでの国外調査とは決定的に違う一点があったことを指摘しておきたい。それは沖縄の———島民の———「社会史」に我々が「より密接に」連なっている点である[15]。部外者である調査者として島に入りながら、島民の口にする戦争・年金・過疎・対米外交などの諸問題は、そのまま自分たちの直面する問題であり、彼らの人生における困難や幸福と自分たちのそれとは深く繋がっていることを暗に気付かされ、自らの問題として日本を、沖縄を、浜比嘉島を考えさせられる調査の日々であった。

---

[15] もちろん広い意味では世界中の誰とも地球人として共通の社会史を共有しているわけだが、ここでは同じ参政権や納税義務を負っているという狭い意味での(かつより強固な)共通性を指している。

## 第 14 章
## 南タイ・北部マレーシア広域調査
### 黒田景子

　第10回のアジア農村研究会は2003年3月5日から3月18日までの13日間、「南タイ・北部マレーシア」を対象として広域調査を実施した。日本側の学生参加者は26名、教員のサポートは日本側3名現地側4名、そのほか通訳などの現地サポートがのべ14名である。団長は東條哲郎氏であった。

　先立つ数年、本研究会では定着調査を行なってきており、参加経験者からもそろそろ広域調査をやりたいという要望が出てきていた。

　調査対象はマレー半島中部にあたる南タイから北部マレーシアの2ヵ国にまたがる地域である。広域調査は定着調査と異なり、移動しながら地域の全景をひたすら観察し、必要に応じて聞き取り調査を行なって、地域の特性を知覚的にも見抜く感覚を会得できる計画が望ましい。

　調査のアドバイザーとなった筆者は、マレー半島を南下移動しながら、景観の変化、生業形態の観察、歴史的遺物、陸路国境の通過経験、博物館の見学のほか、事情が許せるならば短期でも現地村落での聞き取り調査ができるコースを想定した。

　それでもやや観光旅行めいたコースを想定せざるを得なかったのは、今回の調査対象地域が、タイ仏教文化圏からマレー・イスラーム文化圏への移行空間であり、現地での行動については特に配慮を必要としたことが関係している。南タイにおいてはイスラーム等の分離独立運動組織の動向に軍や警察が敏感になっており、また国境地域独特のさまざまな制限が突発的に生じることを懸念したからである。多数の学生による短期の広域調査は冒険旅行である必要はない。

　この広域調査においては、タイ側からはプリンスオブソンクラー大学のラッチャニー教授(Rachanee Kalayanakunawuti)、マレーシア側からはマレーシア北部大学(UUM)のノルミザン講師(Normizan Bakar)に強力なカウンターパートとなっていただき、大学のバス、ゲストハウスへの宿泊を許可していただいた。調査期間中移動を繰り返す広域調査においては、実際のところ移動手段と宿泊地の確保がきわめて大きな問題である。現地の大学研究機関の協力なしには今回のような欲張った広域調査は不可能であったことを改めて感謝したい。

　以下、この調査について記す。なお、筆者は準備段階の下見調査を団長の東條氏とともに行ない調査ルートの基本設定をしたが、3月の本調

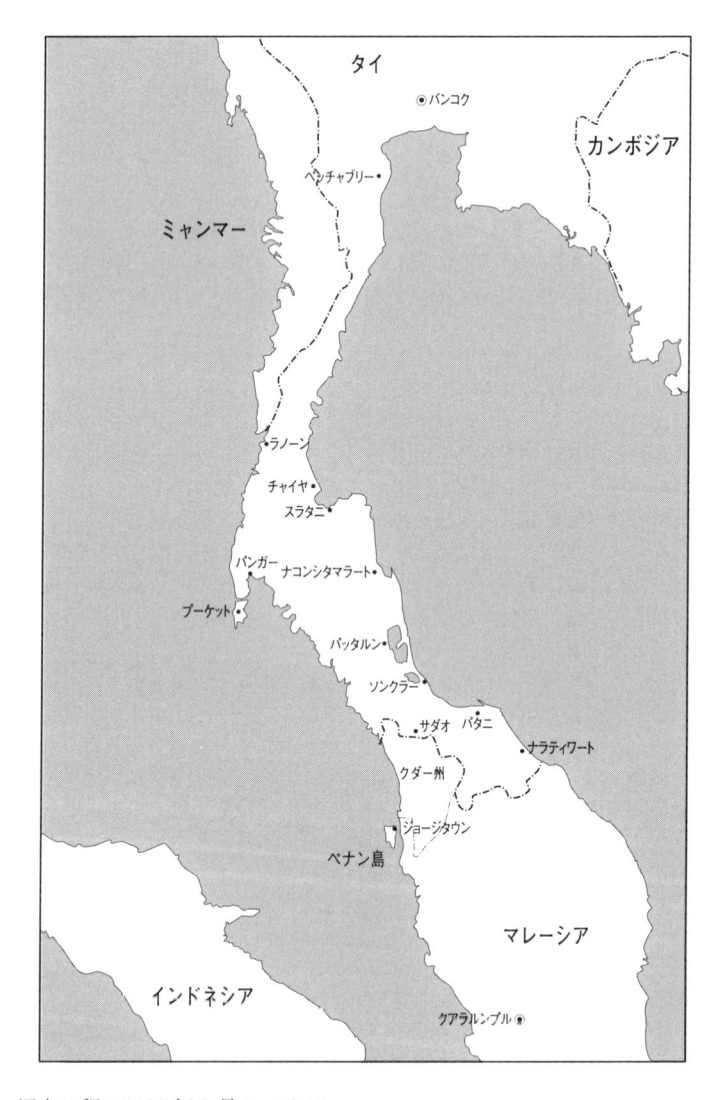

調査日程：2003年3月5〜18日
調査地：タイ・バンコク〜マレーシア・ペナン(行程約1200km)
調査参加者：29名
カウンターパート：プリンスオブソンクラー大学、マレーシア北部大学

査においては勤務の都合上数日しか参加できなかったことをはじめにお断りしておきたい。

## 1. 調査地の決定と事前準備

南タイから北部マレーシアで広域調査を行なう場合には、ざっと以下のようなさまざまな視点から観察、調査ができると想定される。

❶マレー半島が「黄金半島」と呼ばれた古代の国家群に関わる数々の遺跡とその立地環境の観察。

❷大陸部東南アジアと島嶼部東南アジアを陸地でつなぐ地域としての自然景観の変化、農業空間調査などの生態的な変化を見ること。

❸仏教文化圏とイスラーム文化圏の共存・移行空間としての特徴の観察。

❹東西交易の中継地点としてインド洋に面した港市と南シナ海に面した港市の現在形を見ること。

❺タイとマレーシアの国境を観察し、自らが国境を陸路によって越えることにより「国境地域」を身体的感覚として体験すること。

❻現代の国民国家としてのタイとマレーシアの両国の状況を同時期に観察し、風景・制度の比較の視点を持つこと。

短期間にしてはかなり欲張った企画であるが、現地の状況と旅程によっては不可能となる場合も考えなければならない。まずは、ルートを設定し、さらに下見旅行の段階で、現地の協力がどの程度得られるかが企画の成否を決めると思われた。

### 1.1. ルート設計

まずはどのようなルートをとるかという重要な問題である。

我々の企画としては、観察ポイントとして、自然景観、都市景観、遺跡、博物館のほか、できるだけ現地の村落での聞き取り調査の機会を得たいと考えていた。

第3章でも広域調査の場合について言及されているように、広域調査では移動と宿泊という要素がスケジュールの要となる。また、国立博物館のような施設の見学を入れる場合は、休館日という当然ながらもやっかいな要素を考慮しなければならない。タイでは博物館の休館日は月曜と火曜であり、マレーシアでは金曜日である(マレーシアでは各州によって公休日が異なる。当調査ではクダー州が金曜、ペナン州では日曜が休日である)。また、現地で協力を頼んだ大学の先生や学生たちの授業スケジュールも問題となる。本研究会は毎年3月上旬から行なわれるが、この時期はタイ、マレーシアではちょうど夏休み前の試験期間に当たる。

以上のような条件を考慮に入れつつ、行程としては、バンコクから出発して南下し、南タイの東西海岸を訪れつつ、国境を越えてマレーシアに入り、マレー半島中部の商業中心都市であるペナンを到着点とすることにした。

　参加者に望むのは、次のような試練である。まず、わざわざバンコクから長時間のバス移動に耐えてもらい、聞き取り調査をしたくてうずうずする心を抑えつつ、山の中を走り回って古代都市や寺院の立地点を確認し、ゴム林やらマングローブを見てもらい、退屈に思える「博物館」を堪能してもらい、「開発」の光景を眺める。待望の聞き取り調査の際には、時には険しい現地の人々の視線に耐え、にこやかな笑みと問いに十分に答えられる言語力が不足していることにはがゆい思いをしてもらいたい。その後、陸路の国境を炎天下、タイ側からマレーシア側まで歩いてもらう。途中では見たくもない整備された免税店もあるかもしれず、食事は口に合わない場合もあるかもしれない。そして、思いのほか機械化され、管理された水田地域をえんえんと走って最後にたどり着くのは英国コロニアリズムの匂いのただようペナンの市街である。ルート企画者としてはこのような経験を通して、後からよく見ていなかったものや見落としたものに気づいて悔しがってほしいという意図がある。これも広域調査の醍醐味である。

## 1.2. 現地協力体制について

　さて、このような企画を可能にするのは、現地の大学や研究機関からの協力である。タイ、マレーシアにおいては数年前に大学の独立法人化が進み、海外の大学との研究・教育の協力事業は、現地の大学にとっても歓迎される機会のようである。

　2002年の8月、団長の東條氏と筆者はマレーシアと南タイに下見調査に出かけた。南タイといえば、近年リゾート観光地として一般にも知られるようになっているが、実は、ホテルのリゾート地以外の情報というのはほとんど知られておらず、治安についてもやはり行ってみないとわからない状況であった。タイにおいてはタイの観光局が宿泊地や観光地についての継続的な情報を提供しているのだが、それらは我々のような広域調査の目的に沿うものではなかった。

　結果として、南タイにおいては、プリンスオブソンクラー大学のラッチャニー教授が我々のわがままな企画に協力してくれることになった。全行程を民間バスのチャーター覚悟でいた我々に、大学バスとゲストハウスの使用を申し出て頂いたのは、きわめてありがたいことであった。一般にタイ、マレーシアでは大学バスやゲストハウスなどの宿泊施設が

日本の大学より充実しているように思われる。また、地元の大学の名を冠したバスでの移動は現地の村人にとって説明のいらない身分保証でもある。ラッチャニー教授は採点中の試験の束を抱えつつタイでの全行程に同行していただき、日本からはなかなか情報を得ることのできない現地の情報や、訪問してみたい村落を紹介していただくなど、いたれりつくせりの協力をいただいた。

　また、マレーシア北部大学の場合は、ノルミザン講師が6年間の日本留学経験があり、日本語のクラスを持っているということもあり、学生の交流事業として多大な協力をしていただいた。マレーシアの場合も大学バスと付属の宿舎を利用させていただいた。マレーシアにおいても、外国人が多人数で移動する場合の交通手段が乏しく、UUMの協力がなければ、いきなりの村落調査などもできなかっただろう。

　事前の連絡には電子メールが活躍した。調査について事前に十分に説明したものの、現地に来ると我々はどうしても自分の都合で調査を遂行したがる傾向があって、しばしば、「突然道ばたでインタビュー」という行動に出て、現地協力者に迷惑をかけた面もある。現地協力者に十分な謝意を表すのはもちろんであるが、受け入れてくれた相手も我々の訪問をメリットとして参加していただいているのだということを理解し、行事や取材などに気持ちよく協力するくらいの余裕がほしいところである。

## 2. 調査形態と日程

　我々の調査スタイルは、学生を主体とする多人数の調査チームが、広域を移動しながら、さまざまな場所を訪れ、機会があれば予定外の村落聞き取り調査をも試みるというスタイルであった。

　今回の調査では移動することそのものが観察の対象となる。現地協力者の尽力によって、実際には、以下のようなスケジュールで調査を実施することができた。

3月5日　バンコクにて集合。夜にミーティング。
3月6日　朝、ソンクラー大学のバスにて一路、南下。途中ペッチャブリーに立ち寄った後、マレー半島西海岸のラノーンに到着。
3月7日　19世紀の交易と錫生産の支配に係わった許氏一族の墓、ミャンマー国境付近を周回するモーターボートでラノーン港の見学。その後、プーケットへ半島西海岸を南下。気候・動植物の生態変化と景観の変化の観察。ゴム園、果樹園での聞き取り調査のデモンストレーション。プーケットに到着し、ソ

|        |                                                                                                                                                                                                                                                                                                                         |
| ------ | --------------------------------------------------------------------------------------------------------------------------------------------------------------------------------------------------------------------------------------------------------------------------------------------------------------------------- |
|        | ンクラー大学のゲストハウスに宿泊。                                                                                                                                                                                                                                                                                      |
| 3月8日  | プーケット近郊調査。パンガー国立自然公園のマングローブ林調査。その後、マレー半島を東海岸への横断ルートを通って、ワチラプラパー・ダムへ至り、ダム建設のために移転させられた村の見学と聞き取り調査。ダムのホテル宿泊。                                                                          |
| 3月9日  | ダムからチャイヤへ横断ルートを取る。ドヴァラヴァティ様式を残すチャイヤの寺院と寺院遺跡3基を見学。通ってきた半島横断路はインド洋とシャム湾を結ぶ古代の交易陸路でもある。チャイヤからスラタニに移動するが、高速道路ではない旧道沿いにある農村・漁村を観察、水上家屋群での聞き取り調査。スラタニ泊。 |
| 3月10日 | チャイヤ近郊の織物村落における聞き取り調査。この村は入り口に大砲があり、仏教徒居住地域とムスリム居住地域が隣接している。さらに、チャイヤの村おこし産品となっている塩鴨卵の製造工場、稲作農家で聞き取り調査を行なう。スラタニ泊。                                                         |
| 3月11日 | ナコンシータマラートへ行き、国立博物館とワットマハータート寺院とその宝物収蔵庫（寺院博物館）を見学。ナコンシータマラートは南部タイの仏教の中心地であり、日本ではリゴールとして知られる有力港市であった。郊外の自然染色布村を見学し聞き取り調査。ハジャイに到着。ソンクラー大学のゲストハウス宿泊。 |
| 3月12日 | ソンクラー大学ハジャイ校の副学長を表敬訪問。ナコンシータマラートのライバルであった港市ソンクラーの旧市街見学し、山上にある17世紀のムスリム領主の要塞を見学、海岸沿いにやや北上し、もう1つの仏教中心地であったサティンプラを見学し、シュガーパームの採取・加工工場での聞き取り調査。 |
| 3月13日 | ソンクラー湖内奥のパッタルンで地元郷土史の専門家に講義を受け、復元されたパッタルン領主の館を見学。郊外のスルタン・マルホムの墓を見学し近隣のムスリム農家で聞き取り調査。地元の市場を見学しソンクラーへ帰着。                                                                |
| 3月14日 | 南下しパタニの旧王宮跡付近のクルセ・モスク、王宮、パタニ3女王の墓を見学する。クルセ・モスクにてイマーム補佐から、墓のある村タンジョンルロの村長から話を聞く。パタニ市内の国立モスクと華人観光の林姑娘廟を眺めたのち、郊外のヤランにあるランカスカ遺跡公園とその発掘現場の見学。 |

第14章 南タイ・北部マレーシア広域調査

写真 14-1 ムスリム墓地の見学。アラビア語のできる参加者が墓碑銘の解読に挑戦している。

夜、ソンクラー大学への感謝パーティを開く。
3月15日 タイ=マレーシアの国境サダオでタイ側の参加者と別れる。陸路の国境を徒歩で歩いてマレーシアに入国する。マレーシア側のブキット・カユ・ヒタムでマレーシア北部大学UUMからの迎えのバスに乗り、クダー州の農村Aにて班別に分かれて聞き取り調査を行なう。夜、UUMの経済学部、日本語学科の学生と懇親会を行なう。UUM付属のホテル泊。UUMのあるシントはかつて国境警備のための軍駐屯地である。
3月16日 クダー農村調査を行なう。班別に分かれて、C村の調査を行ない、うち1班はA村での結婚式に参加。その後クダー州南部へ移動し、ルンバブジャン谷の考古学博物館と遺跡を見学。7世紀から14世紀にかけてのインド系遺跡群である。クダーの穀倉地帯である広大な水田景観を観察しながらペナン島に到着。ジョージタウンのホテル泊。
3月17日 希望者のみペナン島を一周。最終ミーティングののち、夜にマレーシア側へ感謝パーティを開く。
3月18日 ペナン島にて解散。

写真 14-2　南タイ・ランカスカの遺跡。発掘作業現場の見学。

## 3. 調査の内容
### 3.1. 博物館を見るということ

　今回の広域調査においては、南タイと北部マレーシアの訪問ルート上にいくつかの博物館見学を設定した。国立の博物館や寺院の博物館などが主であったが、どうも日本国内で博物館といえば、修学旅行や観光旅行で訪れた経験があったせいか、漫然と見学してしまう傾向が見られた。

　博物館をいかに見るか、というのは参加者の関心分野によって興味の深さが異なる。展示されている遺物を見るより、一刻も早く村で聞き取り調査をしたいと思うのも当然ではある。ただ博物館でも展示物の説明を読むだけではなく、いろいろと観察すべき視点はあるのだ。なぜ、そのような地点に博物館が作られているのか、なぜそのような展示物が選ばれているのか、我々以外にどのような人々がそこを訪れているのか、というようなことは、博物館の職員と話をすることでも得られる情報である。

　今回訪れた博物館・遺跡公園は以下である。
❶チャイヤの寺院と博物館
❷ナコンシータマラートの寺院博物館（宝物収蔵庫）
❸南タイ民俗博物館
❹ヤランのランカスカ遺跡公園

第14章 南タイ・北部マレーシア広域調査

写真14-3　マレーシア・クダー州。インタビュー後の記念撮影。

**❺ルンバブジャン考古学博物館**
これらのいずれもが、日本国内では観光案内の対象にもなっていない。

### 3.2. 突然聞き取り調査

前段でもちょっと触れたが、予定ルートを移動している最中に、余りに魅力的な光景があって、無理にバスを停めてもらってそのあたりの村の人にインタビューをしたくなったことがあった。個人で調査する時はこのようなことはしばしばある光景である。

ただ、予告なくその場で見かけた人に聞き取り調査を行なう場合に、1つ注意しておかなければならないことがある。それは相手から我々が最初どのように見えているか、ということである。タイにおいてもマレーシアにおいても、声をかける前に村の周囲をまわっていれば、我々は満杯のバスに乗ってうろうろする不審な華人系の観光客にしか見えないのである。

この場合、現地の大学名の大書してあるバスに乗っていることは説明を容易にする。我々が何者であるのかということに納得してもらうことがまず必要であるが、南タイ、北マレーシアの場合には、以下のような場合も心得ねばならない。

ムスリムの人たちは見知らぬ非ムスリムに対してしばしば険しい表情

で応対をする。奥地の村の老人には特にそういう人を見かける。我々が日本人であると告げるとおおむねその表情は和らぐように思われるが、中には60年前の日本軍の上陸時を思い出して警戒するご老人もおられる。南タイのソンクラーは日本軍の上陸地であり、マレーシアのクダーはその日本軍がシンガポールを目指して南下した地域である。タイ、マレーシア、シンガポールの人々にとっては、なぜ日本人の若い世代が日本軍のマレー半島上陸という60年くらい前の事実を知らないのかということが驚きである。聞き取り調査の時に日本軍の時代についての話題が出ることがある。良い話もあれば辛い話もある。中には、特にそのことについて話をしたいという老人もおられる。我々はそれについてけっして無知であってはならない。

写真12-4 南タイ、村の中のモスク。看板にタイ文字とアラビア文字が見える。

## 3.3. 村落観察の作法

遺跡や博物館から次の遺跡や博物館にバスで移動していると、風景の観察がしばしばおろそかになる。これはやむを得ないとはいえ、大型バスという移動手段も影響している。できるなら9名までのバンや小型車で移動したいところである。その理由は、村人の生活手段がバイクとバンまでの大きさの車両であるため、村落の道はしばしばバイクや小型車両に適した幅や造りを持っている。南タイ、北部マレーシアにおいては仏教徒の村落とムスリムの村落が混在しているが、しばしばゴム林や椰子の林に遮られて存在を見落とすことがあるのだ。

とはいえ、バスの窓からでも注意深く見ていると、その景観により仏教徒村落、華人村落、ムスリム村落を判別することもできる。

もっとも簡単な目印は寺とモスクの存在である。典型的なタイの村落には村の中心に仏教寺院を見つけることができる。しかし、ムスリム村落の場合は村の奥にモスクがあり、にわかに判別しがたいことがある。その場合には、犬がうろうろしているか、山羊を見かけるかが次の判別ポイントとなる。イスラームでは犬の鼻も不浄なものの1つなので、村をうろうろしている犬を見るということはあまりない。特にマレーシア

においてはムスリム村落で犬を見ることはけっしてない。さらにブタの代わりに山羊がうろうろしているのを見かけたら確実にムスリム村落と見ることができる。また、ムスリム村落では非ムスリムがみだりにモスク内や共同墓地に入ることをきらう。基本的な礼儀である。

### 3.4. 食事とトイレ

広域調査参加者に注意しておいてもらいたいのは、途中の食事とトイレである。いつも決まった宿舎を利用するわけでもないし、車での移動の多い場合は体調を崩しがちになるということも考慮しておかねばならない。

これは私の持論だが、食事とトイレは現地に行ってみないとそれに自分が適応できるかどうかわからない。調査経験の長い研究者でも意外な方が野外の食事が苦手であったり、逆にどんな環境でも平気であったりする。

南タイ、北部マレーシアの場合、ありがたいことに近年はガソリンスタンドには清潔なトイレやコンビニが併設されていることが多いので、その利用がもっとも無難だろう。だが、もし一般の家庭のトイレを利用させてもらう場合は、水洗いの習慣のトイレではその習慣にできるだけ慣れるつもりでいてほしい。

食事の場合は、違った意味で注意が必要だ。当然のことながら仏教徒とムスリムの食事は異なる。私が参加した期間でも、南タイでは、なんとなくムスリムの参加者(ノルミザン講師や、彼の引率してきたマレー人学生、通訳をしてくれたタイ・ムスリムのスタッフ)が「ムスリム用の食堂」を探して会食しており、その他はタイ料理やタイ・中華の料理のほうに行ってしまったことがある。食事の嗜好から言ってしょうがない面もあるのだが、このように食事の嗜好でなんとなく宗教別の境ができてしまうという現象も観察してほしい。マレーシアの場合は、屋台街やスーパーで明確にムスリムと非ムスリムの場所が分けられており、そのことはだんだん「世界の常識」になっていることにも注目するべきであろう。振り返って、日本にやってくるムスリムの留学生たちがどのような食生活をしているのかに思いを馳せてみることもできる。

### 3.5. 国境地域の調査という注意点

この調査では、参加者に国境を歩いて越えてもらうという経験をしてもらうことにした。

その理由は、日本という国が陸路国境を持たず、航空機や船以外に日常として隣国と接しているという感覚が体験できないからである。

もちろん観光旅行として鉄道を利用してタイ=マレーシアの国境を越えたという経験を持つ人もいるだろう。しかし、現実を見る時、タイとマレーシアの物流の拠点となっているのはシンガポールからマレーシアを縦貫してバンコクに至るアジアハイウェイであり、物流の主役は長距離トラックであり、自家用車であり、近隣の人々によるバイクでの通過である。

　南タイからマレーシアに入る場合、バスで国境のイミグレーションで車を降り、パスポートをチェックし出国スタンプを押してもらう。そしてその後、手持ちの荷物の検査を受ける。そしてタイ国境サダオからマレーシア国境ブキット・カユ・ヒタムまでの約1kmの緩衝地帯（実際の土地の所有はマレーシア側）を歩いて、マレーシア側のイミグレーションにたどりつき、入国スタンプを押してもらい、荷物の再チェックを受けて、マレーシア入国となる。

　その間、観察してもらいたいのは、いったいどのような物流トラックがここを往来しているか、途中の免税店ゾーンではどのような店があり、誰が何を売っており、何を買っているのかという基本的なことである。

　タイとマレーシアの国境は他にも数ヵ所あり、すべてがここのような大規模な施設を持っているわけではない。大規模免税店のそばに地元数キロ以内の人々が買い物にやってくる小さな店もある。国境では国と国、村と村、定住者と移動者、両国の経済格差などさまざまな情報が得られるはずである。ちゃんとした観察眼があれば。


　2004年になって、南タイは世界中の注目を浴びることになった。4月には、本研究会が訪問したパタニのクルセ・モスクにおいて一部住民と軍との衝突銃撃戦がおこり、104名が死亡。散発的にくすぶり続けた銃撃や爆破事件は、10月には警察が抗議行動をおこした住民を逮捕しトラックで移送中に数十名が圧死するというタクバイ事件に発展した。パタニ、ナラティワート、ヤラーの3県には外務省海外安全情報で第2段階の「渡航の延期をおすすめします」という警告が出された。2005年7月には事件による死者は700人をこえ、タイ政府は南タイ3県とソンクラー県の一部を非常事態地域に指定し、集会の禁止や報道規制に踏みきろうとしている。

　さらに、2004年12月26日インド洋大津波が起こって、スマトラやスリランカ、そして南タイの西海岸やペナン、プーケットやタクア・パなどに未曾有の被害が出た。復興と開発がどのようなものになっていくのか、ムスリムの扱いは果たして70年代から好転したのか、改めて深刻な問題が突きつけられている。

地域の内包していた矛盾が一気に吹き出てきた観もあり、我々が調査を行なった2003年がいかに幸運な時期であったかとしみじみと考えさせられる。

第 15 章
# 中国ムスリム・コミュニティにおける「小児錦」調査
## ——サンプリング調査の一例として——
### 黒岩 高

 ここでは、アジア農村研究会OB(調査実習経験者)が甘粛・雲南の中国ムスリム・コミュニティで2002年に行なった「小児錦[1]」調査について紹介したい。

 本調査は2002年の2月28日〜3月16日(参加者:安藤潤一郎、黒岩高、相原佳之)と8月4日〜22日(参加者:安藤潤一郎、黒岩高、吉澤誠一郎)、2004年8月17日〜31日(参加者:黒岩高、佐藤実、吉澤誠一郎)に3回に分けて行なわれた[2]。表題からもわかるように、いずれの調査も「小児錦」という特異な文字文化を対象としたものであり、調査目的からすれば、調査者の特化された興味に基づく点で「カジュアル」なものである。加えて、広域を対象に最小限の人員で実施されたこともあり、将来の本格調査のためのサンプル採取の意味合いが強い。ゆえに、「基礎調査」を土台に総体的な「地域」理解のためのマニュアルを提供しようとする本書の主旨とはやや趣を異にする。

 しかし、こうした「カジュアル」な調査を手始めとしたいと考える読者も決して少なくはないだろうし、地域によっては「基礎調査」の実施そのものが困難な場合も想定される。また、各調査者の調査に臨んでの心構えや聞き取り実施の際の技術は、アジア農村研究会の調査実習を通じて培われたものである。そこで、あくまでも本書の方法論の一部を利用した、サンプリング調査の一例に止まるものとして調査過程を紹介していきたい。

 なお、3回の調査のそれぞれを詳述するのは煩瑣であるため、以下で

---

[1] 中国ムスリムの独特の表記体系;漢語、サラール語(甘粛・青海境界地域に集住するサラール族の用いる、チュルク系の言語)など彼らが日常生活において用いる「口語」をアラビア文字で書き記す。

[2] いずれも、東京外国語大学アジア・アフリカ言語文化研究所における中核的研究拠点形成プログラムGICAS(アジア書字コーパスに基づく文字情報学の創成)、『「小児錦」文字資料コーパス構築に向けた資料収集とデジタル化』プロジェクトの一環として行なわれた。

 なお、これらの調査を踏まえた同プロジェクトの成果として町田和彦等編『中国におけるアラビア文字文化の諸相』(A.A.研. 2003年)および同『周縁アラビア文字文化の世界——規範と拡張——』(A.A.研. 2004年)があり、本稿で紹介する聞き取りデータについては、これらの報告書に拠るものとする。

内蒙古自治区

寧夏回族自治区

西寧・

青海省

・蘭州
・臨夏

甘粛省

西安・
陝西省

チベット自治区

四川省

・成都
・重慶

インド

貴州省

・威寧 ・貴陽

・大理
・巍山
・昆明
雲南省
・通海

広西壮族自治区

ミャンマー

ベトナム

ラオス
タイ

第15章 中国ムスリム・コミュニティにおける「小児錦」調査——サンプリング調査の一例として——

写真 15-1 甘粛・青海境界地域の山あいのコミュニティ(2002 年、黒岩高撮影)。

写真 15-2 甘粛省臨夏回族自治州東郷族自治県の民家脇で。
「東郷手抓羊肉」は西北地方に名高い(2002 年、黒岩高撮影)。

は第2回目を中心に述べていくことにする。

## 1. 調査の準備
### 1.1. 訪問先の決定

甘粛省については、第1回目の「予備調査[3]」において良好な「あたり」を得た臨夏回族自治州臨夏市「八坊」周辺のムスリム集住地を対象とした。

また、雲南省については次回以降の準備調査と捉えていたため、あまり特定のコミュニティにこだわらない方針ではあったが、別件の調査[4]で「あたり」を得ていた昆明市の順城街と大理市旧城付近の回民コミュニティを予定していた。後日、カウンターパートの提案により、後者は取りやめ、巍山県大小囲埂一帯をこれに替えた。

### 1.2. カウンターパートの確保

第2章で述べられているようにカウンターパートの確保は調査を行なう上で必須であり、彼ら(もしくは該当機関)の経験や外国人受け入れのへの積極性は十分に吟味する必要がある。特に短期調査の際には、その成否を大きく左右すると思われるのがカウンターパートの「力量」——業界内での発言力や人脈、行政との折り合い等——の把握である。

というのも、強力なカウンターパートを確保できれば、こちらの要望に沿った形での効率的な調査の実施が期待される。一方、カウンターパートの「力量」を見誤り、過大な要求を重ねれば気分を害される原因になりかねないからである。

ゆえに、事前情報・交渉からカウンターパートの「力量」をある程度

---

[3] 1980年代以降、「小児錦」に注目する研究者は決して少なくはなく、近年では劉迎勝「関于我国部分穆斯林民族中通行的"小経"文字的几個問題」(『回族研究』第3期. 2001年)、陳元龍「東郷族的"消経"文字」(『中国東郷族』[甘粛文史資料選輯50]. 甘粛人民出版社. 1999年)などの研究がある。しかし、この文字表記の各地での使用状況の実態については情報がごく限られており、ムスリム集住地を訪問し状況をある程度把握する必要があった。そのため、第1回目の調査では「小児錦」文献の収集と所蔵状況の調査を兼ねて、試験的にインタビューを行なった。対象としたのは、以下のムスリム集住地の清真寺(マスジド、ジャーミー)とその周辺の宗教施設である:北京市東四、甘粛省蘭州市南関什字・西関什字、臨夏市内、東郷族自治県鎖南鎮、積石山保安族東郷族撒拉族自治県大河家郷、青海省西寧市東関。詳細については http://www.aa.tufs.ac.jp/~kmach/xiaoerjin/repFY01/index.htm を参照。

[4] イスラーム地域研究6班および5班の研究活動の一環として2000年8月20日〜9月25日の間に行なわれた「雲南省のイスラーム関連資料調査・収集」。詳細については http://www.l.u-tokyo.ac.jp/IAS/6-han/2000/kuroiwa.html を参照。

把握しておくことが理想的である。また、カウンターパートの指令系統を把握すること——トップダウンで行なわれるのか否か等——も重要である。確かに、そうした状況を事前に把握することは難しく、実際には何度かの「お付き合い」を通じてのことになる場合が多い。しかし、その場合も、予め打ち合わせた調査内容の確認や新たな要望の追加などの交渉を通じて状況を察知し、「無理な依頼」を避けることを心掛けるべきである。

さて、本調査の場合、「運に恵まれた」感は否めないが、協力的でかつ強力なカウンターパートを得ることができた。カウンターパートを引き受けてくださった雲南大学の高発元(雲南大学党書記：2002年現在)・馬利章(外国語学部長：2002年現在)の両氏、および馬廉卜氏(『民族報臨夏版』・晩刊主編)、妥進林アホン[5](你図書屋イマーム[6])を初めとする甘粛省臨夏市の「你読書屋」の運営委員の皆さんに、この場を借りて御礼申し上げたい。

雲南大学(直接の依頼先は高発元氏)に受け入れを依頼したのは、上述の別件調査を通じて高氏のグループが外国人との共同研究に積極的であると承知しており、「気心」も知れていたためである。本調査にあたっても、かなり特異な依頼であったにもかかわらず、こちらの要望に適ったインフォーマントを紹介していただいた。

一方、甘粛省臨夏市についてはカウンターパートの確保が難航したが、安藤潤一郎氏のつてをたどり、上述の馬廉卜氏を初めとする現地知識人のグループをカウンターパートとして得ることができた。馬氏らのグループは「你読書屋」という青少年ムスリム用の図書館を起点に現地の文化振興の中心的役割を担っており、「地元の伝統文化を海外に紹介する」という見地から、私たちの調査に強い関心を示してくれたのは幸いであった。また、このグループが新聞編集者や書籍関連の流通業者、宗教知識人などさまざまな知識人から構成されており、「小児錦」で著された書籍の著作者等、この文字文化についての「核心」的な情報を持つインフォーマントをその人脈内に持っていたことは実に幸運であった。

---

[5] 現代では、通常「阿訇」と表記する。ペルシャ語 ākhund(学者、教師)の対音であり、イスラーム経学に対する一定の知識を修め、教師の資格を得た者に対する呼称である。

[6] イマーム(imām)はムスリム社会における各種指導者を指す。現代中国の場合、マスジド(モスク)の教長(仏寺における住職にあたるもの)指す場合が多いが、你読書屋では「ムスリムのあらゆる集団にはイマームが存在するべき」との発想から「図書館組織のイマーム」を置いている。諸行事・業務についてイスラーム法の立場から助言する役割を果たしているようである。

## 1.3. 調査の依頼

　本格的な調査の場合については、本書の他の部分で既に言及されていることでもあるので、ここでは中華人民共和国において「カジュアル」な調査を依頼する場合のちょっとした「コツ」を紹介しておきたい。

　これは、そもそも上述の安藤氏が提案し、その後、有効性が確認されたことであるが、調査を申し入れる際に「調査」ではなく、「採訪」(取材)と表現することである。日本ではさまざまなレベルの情報収集活動に対して「調査」という表現が用いられる。しかし、中国語で「調査」と表現した場合、それは正規の行政手続き(各級の行政機関とのやり取りを含む)を必要とする公的なものと判断される。

　ゆえに、カウンターパートは気軽に応じる訳にはいかないし、インフォーマントもある種の政治的判断を強いられ、構えてしまうことが多い。一方、「採訪」であれば、カウンターパートは自らの裁量範囲内で行なえるものとして捉える場合が多く、インフォーマントもインタビューに応じやすい。もちろん、その調査を「調査」、「採訪」のいずれで表現するかは調査内容次第であるし、公的な対応を要するか否かの判断はカウンターパートに委ねられる。しかし、外国人研究者の情報収集活動の多くが受け入れ先にとっては「採訪」の範囲に収まるものである場合が多いのも確かである。また、言葉使いひとつで第一印象が大きく変わってしまうことも考えれば、大まかに以上のような傾向があることは気に留めておくべきだろう。

## 1.4. 調査課題の決定

　調査課題は現場の状況に応じて随時改訂を加えていくべきものであるが、ガイドラインは不可欠である。本調査では、先行研究の検討と「予備調査」の結果を踏まえ、以下の項目を大まかな調査指針とした。

　❶中華民国期、特に1920年代〜30年代に「小児錦」文献が大量に発行された社会的背景。

　❷「現在この表記法の必要はきわめて少ない」と先行研究では指摘される。しかし、蘭州、臨夏、西寧等、中国西北部各地の経書店[7]ではいまだに大量の「小児錦」文献が販売されている。これらの文献の使用者および使用状況の詳細。

　❸同一文献に対して複数の異本(地域的・表記的)が存在する。たとえば、典型的な現行「小児錦」出版物の1つである『伊斯蘭信仰問答』の

---

[7] イスラーム関連の書籍、宗教道具を専門に扱う小売業者。多くは清真寺周辺に所在し、ムスリム文化の発信点の1つとしての役割を果たしている。

場合、数種類の異本があり、装丁だけでなく、使用言語が異なる。これらの複数の異本(地域的、表記的)が存在することに対する意味づけ、および各異本の出版、流通状況の把握。

❹「小児錦は陝西、甘粛方言を中心とするために、拼音法(発音表記法)としての普遍性に欠く」という指摘がよくなされる。しかし、この方言がどのレベルの地域のものであるかはあいまいである。たとえば、きわめて詳細な方言差が確認される一方で、ある特殊な方言を反映したものが広い範囲で使われているような例も確認される。また、アラビア文字では表記しにくいと思われる中国語を表記する際に、どのような工夫がなされているかという点 についても、それほど明らかにはされていない。以上のような表記上の特徴についての調査。

❺中国内地のムスリムには、先行研究で「小児錦」を用いる集団として挙げられている回族、東郷族[8]以外にも、保安(バオアン)族[9]や撒拉(サラール)族が含まれ、彼らは独特の民族言語を持つ。従来の研究ではこうした民族言語を用いた「小児錦」の存在の可能性が示唆されているが、その存在自体は確認されていない場合が多い。これら民族言語を反映した小児錦の存在の有無。

## 2. 調査の実施

インタビューの実施に際しては、質問係1名、記録係1名、チェック係1名の「アジア農村研究会方式」を採用した。また、質問項目については「予備調査」の際に徐々に確定していったものを用いた(聞き取り調査票の一部を文末に掲載)。

### 2.1. 雲南省昆明市・巍山県

昆明市では、主要なムスリム集住区の1つである順城街の経書店でインタビューを行なったほか、上述の高発元氏の協力で現地知識人4名をインフォーマントに迎え、(1)「小児錦」の呼称の由来について従来とは異なる説[10]の存在が確認され、(2)「民族語小児錦」の存在の可能性[11]が示唆されたのに加え、以下のような概況を把握することができた。

---

[8] 主に甘粛省臨夏回族自治州東郷族自治県に集住するが、新疆ウイグル自治区、寧夏回族自治区、青海省にも人口は分布している。日常言語として漢語のほかモンゴル系「東郷語」を用いる。東郷族の歴史・文化については馬自祥・馬兆熙『東郷族文化形態與古籍文存』(甘粛人民出版社. 2000年)に詳しい。

[9] 甘粛省積石山保安族東郷族撒拉族自治県、およびその隣接地域に集住し、日常語としてモンゴル系「保安語」を用いる。詳しくは、馬少青(編著)『保安族文化形態與古籍文存』(甘粛人民出版社. 2001年)を参照。

「小児錦」の存在は認識されている。しかし、日常では現在はほとんど使われていないと思われる。次に、使用状況としては、使用者は80歳以上の老人に限られており、それもかなり少ないというのが現状である。また、比較的高齢（68歳と75歳）のインフォーマントから❶❷のような回答が得られていることから、この地域では西北地域に比べ比較的早期に使用がすたれたと見られ、❸❹の例から、その時期は1960～70年代と推測される。

❶自分は新式のイスラーム教育を受けているので、小児錦を習ったことはない、読めもしない。ただし、父が大アホンであって、初めは小児錦を用いていたが、漢字を習ったあとはしだいに使わなくなった。また、父が小児錦で子供に手紙を書いても、子供が読めない例もよくある。

❷自分は新式のイスラーム教育を受けているので、習ったことはないし、読めもしない。

❸文革中に紅衛兵がある老アホンの筆記帖を没収し、反革命的陰謀が記されているとにらんで調査しようとした。しかし、小児錦で書いてあるため解読できず、外語学院のアラビア語科（北京か？）に送って、解読を依頼したがだれにも読めなかった。結局、小児錦を読めそうなハリーファ[12]たちを集めて何とか解読させたところ、単にアホンとしての日々の業務、出納を記したメモであった[13]。

❹自分は習ったことはないし読めもしないが、1960年代に母が小児錦で手紙を書いているのを見たことがある。

いずれにせよ、「小児錦」が使われていた時代は、インフォーマントたちにとってかなり遠い時期の話であるという印象を受けた。また、「小児錦」の使用に対して、「修学時代、経学の教師（イスラームの経典

---

[10] 通例「小児錦」という名称は、「小児経」の転訛であるとされるが、インフォーマントは「民間では子どもが生まれた時、その健康を祈る意味で周囲の家から端切れをもらってつなぎ合わせ産着を作る"小児錦"とは本来こうした産着を指すが、"白字経"（同じ表記法の別の呼称）は、漢語、アラビア語、ペルシャ語、土語（土着語）などの多言語が混在したものなので、比喩的に"小児錦"と呼ばれるようになった」とする。

[11] この点については「ムスリムは馬帮（馬を輸送手段とする隊商）が多いので、各民族地区を行き来しており、それぞれの土地で当該地域の民族の言語・習慣などに同化して暮らしている。したがって、各民族語の小児錦が存在する可能性もある」との示唆を受けた。

[12] 清真寺等でイスラームに関する知識を学ぶ宗教学生（多くはアホン資格取得を目標とする）。マンラーとも。

[13] 1960年代における使用例である。話としては、やや「できすぎ」の感もあるが、出納を「小児錦」で記すという習慣は後述のように西北地方でも見られることから、信憑性が全くないとは言い切れない。

写真15-3　中華民国期の「小経」文献（2002年、黒岩高撮影：民間所蔵）

に関する知識の教師）が小児錦を使ったことはあるが、漢字を使わないとばかにされるので、自分で使ったことはない」という発言があり、他のインフォーマントたちの賛同を得ていた。類似の反応は、後述の甘粛省臨夏でも見られ、「小児錦」を使えても恥ずかしいので言わないという風習があるのは確かなようである。

　その他、雲南での「小児錦」の使用法の特徴として、後述の臨夏とは対照的に、「小児錦」のみを用いて著した書物が確認できないことがある。少なくとも、インフォーマントは見たことがないと証言しており、彼らがイスラームの経典や現地のムスリム文化に精通している点から考えると、その信憑性はかなり高いように思われる。したがって、雲南で言う「小児錦を用いた書籍」とは、基本的には本文の脇に注釈として「小児錦」が書かれているものを指すと考えてよいだろう。

　巍山県では前述の馬利章氏の案内で晏旗廠村を中心に「大小囲埂」一帯のムスリム集住区を訪問した。ここでの当初の目的は「小児錦」文献の所蔵状況の把握であったが、村人へのインタビューから「小児錦」使用の概況について次のような「あたり」を得た。すなわち、「現在はあまり使用されていないが、かつては宗教的記述のほか、通信・記録の手段としても盛んに用いられていた」点で昆明、通海と同様ではある。しかし、1980年代の使用例が確認され、都市部から離れていることもあ

り、巍山の方が比較的最近まで使用されていたと思われる。

　また、調査目的からはずれるが、図らずも現地宗教指導者から漏れ聞いた9.11周辺の状況についての意見が印象的であった[14]。

## 2.2. 甘粛省臨夏市

　臨夏市（「八坊」地区を中心とする）では上記の知識人グループのメンバーに対するインタビューと、経書店での聞き取りから以下のような状況が把握された。

### ■使用状況と習得手段

　この地域では「小経」（「小児錦」の別称；臨夏－西寧間の所謂「河湟地域」ではこちらを主に用いる）はかなり身近な存在ではある。ただし、「小経」という概念を、経典を学ぶ手段としての通常の漢語文や初級アラビア語として認識している場合も見られる。

　使用状況としては、依然として中高年層の間や、清真寺における講経（アホン等による経典に関する講義）、あるいは秘匿性の高い文を書く際に用いる例が確認される。以下、例を挙げておく。

❶40代、50代、60代以上の老人は皆、今でも小経を使っている。商売をする人々の中では、今でも小経で帳簿を付けている者もいる。

❷女学[15]にはまだ使っているところもある。

❸老人たちは今でも使う。彼らはこの文字を通じてイスラームの基本知識を学ぶのである。

❹アホンが講経（イスラーム経典についての講義）などの際に小経を書くことがある。

　ただし、以下のような回答からその使用者は年々減少しており、日常において「小児錦」を使用する者に対する評価もあまり高くないという印象を受ける。たとえば、「漢語文のわからない人がメモや手紙に用いることはあるが、一般の漢語の読み書きができる人はほとんど使わない」、「文化水準の低い人はまだ使っている」。あるいは、「かつては通信文も

---

[14] 参考までに聞き取り内容を紹介しておく。
　「我々は好戦的でもないし、テロリストでもない。ただ、平等を要求しているだけなのだ。ユダヤ人もムスリムも1つの民族だ。平等なのだ。しかし、ブッシュとイスラエルは我々を平等に遇することを拒んでいる。だからこそ、我々は自らの体を使って、我々の宗教と人権と民族のために意地を見せねばならないのだ。これは、どうしようもない最後の手段だ。このような、自分の身を犠牲にした戦いができるのはムスリムしかいない」

[15] 清真寺には女寺が付設されている場合があり、女寺内に女性たちに対してイスラームに関する知識を教授する女学がある。

小経で書いた」、「28の文字を覚えればよくく、非常に簡単な通信手段だからだ。今でも小経で手紙を書く場合はあるがきわめて少ない」などである。また、先ほどの❶とは少々矛盾するようではあるが、「商人で小経を使って帳簿づけをする者もいるにはいるが、やはり非常に少なくなってしまっている」との回答もあった。

また、これは雲南・甘粛の双方で奇異に感じられたことであるが、上述の女学での教授ないしは女性の間での「小児錦」の使用について、男性のインフォーマントに対して「女性が使っているか、あるいは、女学で習っているのか、教えているのか」等と質問した場合、彼らは例外なく、一瞬戸惑う。たとえば「女は使わない。あれは男が使うものだ」と回答したインフォーマントが後になって「女学で教えるところもある」と言い出したりする。あたかも、「小児錦」の使用に対して男性ムスリムの意識の中から女性の存在が抜け落ちているような印象を受けるのである。

次に、小児錦の習得場所についての回答はさまざまではあるものの、総じて、かつては清真寺で盛んに教授されていたことを窺わせるものであった。

たとえば、臨夏の誇る"小児錦マスター"の1人である曹奴海アホンは「臨夏市大西関清真寺でアホンから習った。基本的には清真寺の中でのみ用いていた」と述べている。やはり"小児錦マスター"である馬希慶アホンは、「家で習った。我が家では父祖代々小さいころから伝授されている」と語るが、馬希慶アホンの家系は代々アホンであるため、清真寺で習った場合と大差ないように思われる。

また、自習したという例も見られる(「予備調査」の際には青海省西寧でも同様の回答を得た)。すなわち、「習ったことはない。当地の人間でアラビア文の読める人間はだれでも読める」、「ゆえに習う必要がない」というのである。

さらに、女性への教授はかつて女寺で一般的に行なわれていたふしがある。上述の回答に加え、臨夏の経書店では「小経」経書[16]を物色している女性をしばしば目にする。その中の1名に習得手段を尋ねたところ「女学で習った」との回答があった。このインフォーマントは20代後半と目され、女寺での「小経」教育は最近まで広く行なわれていたのでは

---

[16] ここでいう「経書」とはイスラームに関する宗教文献一般を指す。なお、現在までの活動で確認された現行「小児錦(小経)」文献はおよそ宗教文献——経典の注釈、あるいは通俗的・啓蒙的教義の文献、もしくは経典解釈のための辞典・用語集——であり、「経書」の範疇に含まれると見てよいだろう。

ないかと推測される。

## ■出版・流通状況

　「小児錦」経書出版の最大の中心地は臨夏であり、西寧、天津などがこれに続くと見られる。「小児錦」経書の印刷・出版は、基本的には民間の印刷と海賊版で行なわれており、仕入れ、印刷から販売までの経路は以下のとおりである。

　まず、仕入れは基本的に原稿持ち込みのかたちをとる。印刷所に持参して数百部を試験的に刷り、売れれば本格的に印刷、販売する。また、統一された販売元があるわけではなく、各経書店が著者と一種のライセンス契約を交わした後、自主的に印刷、発行する。この「ライセンス契約」は簡単なものであり、その本を見て「よい」と思った経書店の店主が著者に「出版してもよいか」という手紙を書き、「出版してもよい」という返事が返ってくれば、それを出版できるというものである。天津を例に取ると、この手続きを経さえすれば、臨夏版そのものであれ、天津方言による翻訳であれ、天津の経書店が出版することができるという。

　この仕入れについての情報から、同時代における異本が複数存在するという事情の解明に近づけたのではないかと思われる。

　次に価格の設定は、印刷工場が請求する1冊あたりの費用に利潤を乗せて決定される。ただし、この種の書物は民間の内部発行で、かつ印刷工場も公然と印刷しているわけではないため、請求額はさまざまである。利潤は請求額の10％程度が目安となる。なお、「価格差があると売上高に顕著な開きが出るので、現在はどこの店の価格もほぼ同じである」との回答を得たものの、実際のところは甘粛省内でも価格にかなりばらつきが見られ、これは限られた地域内にしか当てはまらないように思われる。

　また、「小児錦」経書の市場については、「小経出版は都市、農村を問わず市場がある」との回答を得た。具体的な販売対象としては、個人が圧倒的に多く、居住区域も都市部よりも農村居住者が多い。男女比では男子が多く、個人以外では大きな鎮、あるいは大都市の清真寺の経書部から注文があるという。特に、清真寺で「老年培訓練」や「家庭婦女培訓練」[17]を開く際のまとめ買いも多いようである。

　なお、販売地域について臨夏市穆斯林文化服務中心の例を挙げると、「最も販売量が多いのは臨夏一帯であるが、省内に加え青海、陝西、雲南、華北、北京、天津にも販売する。最も遠い販売先は貴州威寧である」

---

[17] いずれも、清真寺で催されるイスラームの知識に関するカルチャースクールの類。

とのことであり、臨夏版「小児錦」経書に対する需要の地域的広がりが窺われる。

■表記上の特徴

臨夏式「小児錦」の表記上の特徴について、臨夏市韓家寺清真寺イマームの馬希慶アホンから❶アラビア文字を用いて極力正確に方言を表記するための工夫、❷アラビア文字、ペルシャ文字にはない特有の文字の使用、❸北京式「小児錦」との比較した場合の表記法の違い等について、レクチャーを受けた[18]。

なお、補足的に行なった循化撒拉族自治県県城大モスクでのインタビューの際に、サラール語「小経」で著された文献を「発見」した。詳細については、安藤潤一郎「サラール(撒拉)語『小児錦』文献に関する予備的報告[19]」を参照されたい。

冒頭で触れたように本調査は将来の本格調査のためのサンプル採取の意味合いが強く、各コミュニティでの戸別調査や網羅的な経書店調査を経て初めて「実」のあるものとなる。しかし、将来の「小児錦」研究、およびこの表記法を通じたムスリム社会の「重層的構造」に対する理解の「糸口」を見出すことにはつながったように思う。以降の調査を通じ、「調査課題」に挙げた5項目を中心に、この文字文化に対する理解を充実させていきたい。

さて、本稿を締めくくるに際して強調しておきたいのは、カウンターパートやインフォーマントに対する成果報告である。もちろん、私たちがフィールドワークを行なう際には、明確な目的や問題意識を持っていよう。しかし、受け入れ側、とりわけインフォーマントに調査の意義を実感してもらうことは難しい。ゆえに、お礼の意味も兼ねて「成果」を贈ることによって、ある種の「達成感」――ささやかではあるものの――を共有してもらおうとする努力が重要である。そうした努力が受け入れ側との信頼関係構築の一助となることも稀ではない。

また、調査を一時的な「文化的収奪」に終わらせず、現地との「協業」として発展させていくためにも、今後は「成果」物のスタイルを工夫していく必要もあろう。通常、調査結果は日本語でまとめられる。ゆえに、インフォーマントの大部分は報告の内容を読むことはできない。それで

---

[18] 前掲『中国におけるアラビア文字文化の諸相』22-27頁を参照。
[19] 前掲『周縁アラビア文字文化の世界』67-83頁。

付：「小児錦」調査（2002年8月）聞き取り票（但し、一部のみ）

| Category No. | A (Place) | B (Date) | C (Informant) | D (Age) | E (Sex) | F (Ethnicity) | G（小児錦の認識） |
|---|---|---|---|---|---|---|---|
| 9 | 臨夏正道書店 | 8月13日 | 店主 | 40歳代後半 | 男 | 回族 | 小経は臨夏が発祥地であり、華北、青海でも使われるようになった。 |
| 10 | 臨夏你読書屋 | 8月14日 | 新聞社編集長 | 40歳代半ば | 男 | 回族 | 小経は経堂語を書き表すもので、主として解放前に使用されており、現在は失われつつある。 |
| 11 | 臨夏你読書屋 | 8月14日 | 清真寺イマーム | 40歳代半ば | 男 | 回族 | 土語とアラビア語が結合したものである。 |
| 12 | 臨夏你読書屋 | 8月14日 | 清真寺イマーム | 40歳前後 | 男 | 回族 | 西北ムスリムの言葉であり、アラビア語、ペルシャ語、トルコ語が混入しているが、表記されているのはやはり中国語の方言である。この表記により、土語を通じてイスラームの経典を学ぶことができる。 |
| 13 | 臨夏你読書屋 | 8月14日 | 臨夏市穆斯林文花服務中心経営者 | 40歳代半ば | 男 | 回族 | 漢語でもアラビア語でも読み書きができない人々に読ませるためのものである。方言の違いに応じて、河北（呼称は小児錦）、陝西（消経）、臨夏（小経）、東郷（小経）の4派がある。 |
| 14 | 東郷鎮南清真大寺 | 8月15日 | 清真寺の学生2名 | 10歳代半ば | 男 | 東郷族 | 知っている。 |
| 15 | 臨夏韓家清真寺 | 8月15日 | アホン | 70歳前後 | 男 | 回族 | 解放前からあった表記法で、漢文（土語）にアラビア語、ペルシャ語を混入したものである。回民は宗教儀礼のためにアラビア語を習うので、漢字を知らなくてもこの表記法を使って漢文を書くことができる。 |

| H (小児錦の読解) | I (小児錦の習得) | J (小児錦の使用) | K (民族語の小児錦) |
|---|---|---|---|
| 読める。 | nd | 40代、50代、60代以上の老人は今でもみんな小経を使っている。商売をする人々の中には、今でも小経で帳簿を付けている者もいる。 | nd |
| 読めない。 | nd | nd | na |
| 読める。 | 習ったことはない。当地の人間でアラビア文の読める人間はだれでも読める | 今でも女学で使っている所もある。また老人たちは今でも使う。彼らはこの文字を通じてイスラームの基本知識を学ぶ。 | na |
| 読める。 | 大西清真寺でアホンから習った。 | 基本的には清真寺の中でのみ使っていた。 | na |
| 読める。 | na | 漢語文のわからない人がメモ(記事)や手紙に用いることはある。ただ一般の漢語の読み書きができる人はほとんど使わない。文化水準の低い人はまだ使っている。アホンが講経などの際に小経を書くことはある。 | 東郷語の小児錦はない。保安語の小児錦もない。サラール語の小経は存在する。 |
| 読める。 | 習ったことはないが、文字がわかれば基本的には書ける。書くのは臨夏の漢語である。 | 経学院で使うこともある。手紙は漢語で書く。漢字を知らない人は小経を使うこともあるが、その際には漢語の小経で書く。 | 東郷語を小経で書き表すこともできる。 |
| 読める。 | 家で習った。我が家では父祖代々小さいころから伝授されている。臨夏式の小経である。今はほとんど教えられてはいない。女学で教えている所はあるが、これもきわめて少ない。 | 使っている者もいるが、若い者はアホンでも読めなくなっている。かつては通信文でも小経で書いた。28の文字を覚えればよく、非常に簡単な手段だからだ。今でも手紙で書く場合はあるが、きわめて少ない。また商人で小経を使って帳簿付けをする者もいるにはいるが、やはり非常に少なくなってしまっている。 | nd |

も、贈呈すれば喜んでもらえることも多いが、やはり現地語で書かれているのが望ましい。私たちも第3回目の調査の際に前掲の報告書を持参し、カウンターパートや主だったインフォーマントに贈呈したが、「素晴らしいけれど、できれば中国語版、英語版を将来出してほしい」との声が多かった。すべての報告書を現地語でという訳にはいかないにしても、せめて現地語版、英語版のダイジェストを何回かに1回は持参できるようにしたいものである。また、視覚にも訴えられるよう現地の風景や建造物等の画像を盛り込んだ報告書作りも一考すべきである。こうした努力も、アジア農村研究会の基本精神である"「愛されんだー」≒「I surrender」"に通じるものであろう。

# あとがき

　アジア農村研究会が設立されてから既に13年が経ち、調査実習も13回を数える。その間、さまざまに試行錯誤を重ね、しばしば失敗を犯しつつも、徐々に自分たちなりの調査のやり方を作り上げてきた。その成果をこのようなかたちで出版することができたのは、望外の喜びである。

　これはもちろん、多くの方々のお力添えのおかげである。何よりもまず、設立以来13年にわたって顧問を務めてくださっている桜井由躬雄教授をはじめ、毎年の調査実習においては非常に多くの先生方にご指導とご協力を頂いてきた。ここですべての先生方の御名前をあげることはできないが、この場を借りて御礼申し上げたい。お忙しい中、熱心に指導してくださった諸先生方に対して、本書がいくらかでも御恩返しになればと願う。

　また、本研究会のような調査実習を継続的に行なうためには、多大な資金が必要となる。本研究会は数年来、東京三菱銀行国際財団から国際交流事業として助成を頂いてきた。同財団の支援なしには、本研究会がこれまで活動を続けることは不可能であった。ここに記して感謝を表したい。

　それから、毎年の調査実習に参加してくれた、のべ300人以上にのぼる学生たちにも感謝したい。当然だが、多数の参加者あっての研究会である。本書の内容も彼ら1人1人の熱意と努力に支えられたものである。

　最後に、怠けがちな我々学生の尻を絶えず叩いて、とにもかくにも完成まで導いてくださった(株)めこんの桑原晨さんに御礼を申し上げる。本書の編集作業自体も我々学生にとって非常に勉強になる体験であった。

　本書は、フィールドワークに臨もうとする学生諸氏のために実際に「役に立つ」ことを目指して書かれた。それがどれほど成功したかは分からないが、少しでも多くの学生たちが、アジアに対する真摯な関心を持ってくれれば幸いである。

　なお、本研究会は今後も毎年3月に調査実習を行なう予定である。興味を持たれた方は、以下までご連絡いただきたい（2005年9月現在）。

〒113-0033　東京都文京区本郷7-3-1
東京大学文学部東洋史学科　桜井由躬雄研究室内　アジア農村研究会

　　　　　　　　編集担当
　　　　　　　　國谷徹（東京大学大学院人文社会系研究科アジア文化研究専攻）
　　　　　　　　坪井祐司（同）
　　　　　　　　東條哲郎（同）
　　　　　　　　小林理修（同）

# ホームページ

## 【一般情報】
外務省　各国・地域情勢　http://www.mofa.go.jp/mofaj/area/index.html
外務省　海外安全情報　http://www.anzen.mofa.go.jp/
JICA　国別生活情報　http://www.jica.go.jp/ninkoku/
CIA　The World Factbook　http://www.odci.gov/cia/publications/factbook/index.html
東南アジア史学会　東南アジア関連リンク集　http://opcgi.rikkyo.ac.jp/jssah/linkv/linkv.html
京都大学東南アジア研究所　東南アジア地図データベース
　http://aris.cseas.kyoto-u.ac.jp/mapserver/index.html
NACSIS Webcat（文献検索）　http://webcat.nii.ac.jp

## 【ビザ取得・手続き関連】
中国大使館　http://www.china-embassy.or.jp/jpn/index.html
台北駐日経済文化代表處　http://www.roc-taiwan.or.jp/
在日タイ大使館　http://www.thaiembassy.jp/
インドネシア大使館　http://www.indonesian-embassy.or.jp/
インドネシア科学院　http://www.lipi.go.id/
ベトナム大使館　http://www.vietnamembassy.jp/index_j.html
ミャンマー大使館　http://www.myanmar-shafu.com/
マレーシア首相府・経済企画庁（ビザ申請書類ダウンロード可能）
　http://www.epu.jpm.my/
沖縄県庁　http://www.pref.okinawa.jp/

## 【歴代カウンターパート】
SEAMEO-Chat（東南アジア教育省機構・歴史伝統センター）（在ヤンゴン）
　http://www.seameochat.org/index.htm
チェンマイ大学　http://www.cmu.ac.th/
プリンスオブソンクラー大学　http://www.psu.ac.th/
シラパコン大学　http://www.su.ac.th/
マレーシア北部大学　http://www1.uum.edu.my/
マレーシア科学大学　http://www.usm.my/
マラヤ大学　http://www.um.edu.my/
琉球大学　http://www.u-ryukyu.ac.jp/

# フィールドワーク準備のための基本文献

**【中国・台湾】**
野村浩一他編『もっと知りたい中国』（弘文堂．1991年）
若林正丈編『もっと知りたい台湾』（弘文堂．1998年）
曽士才他編『暮らしがわかるアジア読本　中国』（河出書房新社．1995年）
笠原政治他編『暮らしがわかるアジア読本　台湾』（河出書房新社．1995年）
高井潔司他著『現代中国を知るための55章』（明石書店．2000年）
亜洲奈みづほ編著『現代台湾を知るための60章』（明石書店．2003年）
天児慧他編『岩波　現代中国辞典』（岩波書店．1999年）
可児弘明他編『華僑・華人辞典』（弘文堂．2002年）
若林正丈他編著『台湾百科』（大修館書店．1990年）
『中国の歴史』全12巻（講談社．2004年〜）
毛利和子『現代中国政治を読む』（山川出版社．1999年）
斯波義信『華僑』（岩波新書．1995年）

**【沖縄】**
沖縄大百科事典刊行事務局編『沖縄大百科事典』（沖縄タイムス社．1983年）
安里進他編『沖縄県の歴史』（山川出版社．2004年）
別冊『環』第6号　『琉球文化圏とは何か』（藤原書店．2003年）

**【東南アジア全域】**
上智大学アジア文化研究所編『入門東南アジア研究』（めこん．1999年）
石井米雄他監修『東南アジアを知る事典』（平凡社．1999年）
京都大学東南アジア研究センター編『事典　東南アジア　風土・生態・環境』（弘文堂．1997年）
池端雪浦他編『岩波講座　東南アジア史　1〜10・別冊』（岩波書店．2001〜03年）
石井米雄・桜井由躬雄編『東南アジア史Ⅰ　大陸部』（山川出版社．1999年）
池端雪浦編『東南アジア史Ⅱ　島嶼部』（山川出版社．1999年）
梅棹忠夫『東南アジア紀行』（上・下）（中公文庫．1979年）
鶴見良行『ナマコの眼』（ちくま学芸文庫．1993年）
桜井由躬雄『緑色の野帖──東南アジアの歴史を歩く』（めこん．1997年）
川崎有三『東南アジアの中国人社会』（山川出版社．1996年）
白石隆『海の帝国──アジアをどう考えるか』（中公新書．2000年）
加藤剛『変容する東南アジア社会──民族・宗教・文化の動態』（めこん．2004年）

**【インドネシア】**
綾部恒雄他編『もっと知りたいインドネシア』（弘文堂．1982年）
宮崎恒二他編『暮らしがわかるアジア読本　インドネシア』（河出書房新社．1993年）
村井吉敬他編著『インドネシアを知るための50章』（明石書店．2004年）
土屋健治他編『インドネシアの事典』（同朋舎．1991年）

白石隆『インドネシア』（NTT出版．1996年）
土屋健治『カルティニの風景』（めこん．1991年）
加藤剛『時間の旅、空間の旅——インドネシア未完成紀行』（めこん．1996年）
プラムディヤ・アナンタ・トゥール、押川典昭訳『人間の大地』（上・下）『すべての民族の子』（上・下）『足跡』（めこん．1986〜1996年）

【タイ】
綾部恒雄他編『もっと知りたいタイ』（弘文堂．1982年）
小野沢正喜編『暮らしがわかるアジア読本　タイ』（河出書房新社．1994年）
石井米雄他編『タイの事典』（同朋舎．1993年）
綾部恒雄他編著『タイを知るための60章』（明石書店．2003年）
石井米雄『タイ仏教入門』（めこん．1991年）
末廣昭『タイ——開発と民主主義』（岩波新書．1993年）
福井捷朗『ドンデーン村——東北タイの農業生態』（創文社．1988年）
北原淳『タイ農村社会論』（勁草書房．1990年）

【ベトナム】
坪井善明編『暮らしがわかるアジア読本　ヴェトナム』（河出書房新社．1995年）
桜井由躬雄他編『ベトナムの事典』（同朋舎．1999年）
今井昭夫他編著『現代ベトナムを知るための60章』（明石書店．2004年）
古田元夫『ベトナムの世界史——中華世界から東南アジア世界へ』（東京大学出版会．1995年）
坪井善明『ヴェトナム——「豊かさ」への夜明け』（岩波新書．1994年）
桜井由躬雄『ハノイの憂鬱』（めこん．1989年）
ナヤン・チャンダ、友田錫・滝上広水訳『ブラザー・エネミー——サイゴン陥落後のインドネシナ』（めこん．1999年）
中野亜里編『ベトナム戦争の「戦後」』（めこん．2005年）

【マレーシア】
綾部恒雄他編『もっと知りたいマレーシア』（弘文堂．1983年）
水島司編『暮らしがわかるアジア読本　マレーシア』（河出書房新社．1993年）
サイド・フシン・アリ、小野沢純・吉田典巧訳『マレーシア　他民族社会の構造』（勁草書房．1994年）
ザイナル・アビディン・ビン・アブドゥル・ワーヒド編・野村亨訳『マレーシアの歴史』（山川出版社．1983年）
萩原宣之『ラーマンとマハティール——ブミプトラの挑戦』（岩波書店．1996年）
坪内良博『マレー農村の20年』（京都大学学術出版会．1996年）

【ミャンマー】
綾部恒雄他編『もっと知りたいビルマ』（弘文堂．1983年）
田村克己・根本敬著『暮らしがわかるアジア読本　ビルマ』（河出書房新社．1997年）
田辺寿夫『ビルマ：「発展」のなかの人びと』（岩波新書．1996年）
長沢和俊『パゴダの国へ——ビルマ紀行』（NHKブックス．1975年）

【執筆者】（50音順）
**相原佳之**（あいはら よしゆき）東京大学大学院人文社会系研究科博士課程
**青木　敦**（あおき あつし）大阪大学大学院文学研究科助教授
**安藤潤一郎**（あんどう じゅんいちろう）東京大学大学院人文社会系研究科研究生
**小川有子**（おがわ ゆうこ）東京大学大学院人文社会系研究科博士課程
**川島　真**（かわしま しん）北海道大学大学院法学研究科助教授
**國谷　徹**（くにや とおる）東京大学大学院人文社会系研究科博士課程
**黒岩　高**（くろいわ たかし）武蔵大学文学部日本・東アジア比較文化学科助教授
**黒田景子**（くろだ けいこ）鹿児島大学法文学部人文学科教授
**桜井由躬雄**（さくらい ゆみお）東京大学大学院人文社会系研究科教授
**坪井祐司**（つぼい ゆうじ）東京大学大学院人文社会系研究科博士課程
**東條哲郎**（とうじょう てつお）東京大学大学院人文社会系研究科博士課程
**村上　衛**（むらかみ えい）横浜国立大学大学院国際社会科学系研究科助教授
**李　季樺**（り きか）東京大学大学院人文社会系研究科博士候補者
**渡辺美季**（わたなべ みき）日本学術振興会特別研究員


学生のためのフィールドワーク入門

定価2000円＋税

初版第1刷発行　2005年10月5日

アジア農村研究会編©

装丁　水戸部功

発行者　桑原晨

発行　株式会社めこん

〒113-0033　東京都文京区本郷3-7-1　電話03-3815-1688　FAX03-3815-1810
ホームページ http://www.mekong-publishing.com

印刷・製本　モリモト印刷株式会社

ISBN4-8396-0185-2 C0030 ¥2000E

0030-0506185-8347


**JPCA** 日本出版著作権協会
http://www.e-jpca.com/

本書は日本出版著作権協会（JPCA）が委託管理する著作物です。本書の無断複写などは著作権法上での例外を除き禁じられています。複写（コピー）・複製、その他著作物の利用については事前に日本出版著作権協会（電話03-3812-9424　e-mail:info@e-jpca.com）の許諾を得てください。